AIR DEFENSE GUARD

防空卫士

利剑出鞘刺苍穹

Sword Out Of The Sheath
And Stabbing
The Sky

丛书策划　李俊亭

丛书主编　崔卫兵　张　鑫　编著　朱振华　孙海强

国防工业出版社
National Defense Industry Press

图书在版编目（CIP）数据

防空卫士：利剑出鞘刺苍穹 / 朱振华, 孙海强编著. --
北京：国防工业出版社, 2024.7. -- （武器装备知识
大讲堂丛书）. -- ISBN 978-7-118-13339-4

Ⅰ. E926.4

中国国家版本馆 CIP 数据核字第 2024AL3189 号

防空卫士：利剑出鞘刺苍穹

责任编辑　刘汉斌

出版	国防工业出版社（北京市海淀区紫竹院南路 23 号　邮政编码 100048）
印刷	雅迪云印（天津）科技有限公司印刷
经销	新华书店
开本	710mm×1000mm　1/16
印张	$21\frac{3}{4}$
字数	360 千字
版次	2024 年 7 月第 1 版第 1 次印刷
印数	1—6000 册
定价	88.00 元

（本书如有印装错误，我社负责调换）

国防书店：(010) 88540777　　书店传真：(010) 88540776
发行业务：(010) 88540717　　发行传真：(010) 88540762

CONTENT ABSTRACT
内容简介

本书以通俗易懂的语言、图文并茂的方式，以追溯防空武器的起源开篇，以翔实的史料和讲故事的形式，生动形象地描绘出高射炮、高射机枪、地空导弹、防空体系等防空武器的发明、发展和使用的立体画卷，深入剖析现代防空作战正反面典型案例的经验和教训，对防空武器在战争中的作用进行了有益探讨。

本书适合广大青少年、兵器爱好者、军事爱好者，以及关心国防事业的读者阅读和收藏。

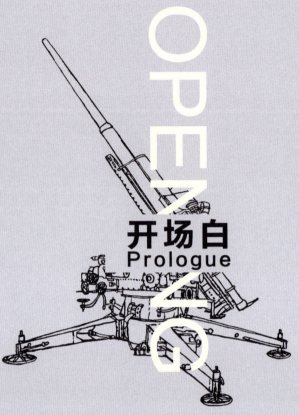

开场白
Prologue

　　20世纪后期以来，现代空袭作战对战争进程和结局具有决定性影响。空袭与反空袭作战，贯穿战役整个过程，既是战争的序幕，有时也是战争的尾声，成为一种占主导地位的基本作战样式。更有甚者，在特殊形势下，空袭与反空袭作战已经成为一种独立的战争。近期的几场局部战争表明，以防空装备为主，建立和使用现代化的防空体系，组织有效的防空作战，是夺取和保持制空权及制信息权的有效手段，对掩护国家及时转入战时体制，保护国家机关、重要工业设施和人民的安全，保障军队的战略展开，保存战争潜力，以至夺取整个战争的胜利，具有重要作用。

　　防空武器是随着空袭与反空袭作战的出现而不断发展的。在1912年的意土战争和1913年的巴尔干战争中，飞机开始用于轰炸并取得了明显的战绩，迫使各国积极寻求发现和摧毁飞机的手段。第一次世界大战中，英国成立了防空指挥部，构建了较完备的防空体系，粉碎了德国的疯狂空袭。第二次世界大战后，战略轰炸机、导弹、电子对抗装备的出现与迅速发展，促使世界主要国家大力发展防空兵器和改善防空体系。20世纪50年代，美、苏、英、法等国家先后研制成功并迅速装备地空导弹，从此地空导弹与自行高射炮成为反空袭的精锐兵器，并逐步形成了高中低空和远中近程相结合的全空域的防空体系。

在我国土地革命战争时期，中国工农红军组建防空分队，以改装的高射机枪抗击国民党军飞机的空袭。解放战争时期，东北民主联军组建高射炮部队。中华人民共和国成立后，中国人民解放军防空部队逐步发展壮大，取得抗美援朝和国土防空作战的辉煌战果。1959 年 10 月，中国地空导弹部队成功击落美制高空侦察机，这在世界防空史上尚属首次，轰动全球。中国逐步实现防空武器国产化后，形成了以火力拦截装备为核心，覆盖战区全空域、全纵深的多梯次和全方位的整体防空体系。

随着现代高新技术的飞速发展，防空武器将实现系统化、信息化和自动化，数字化、网络化防空武器将占主导地位，防空反导武器系统将逐步完善，防空防天一体化装备将成为现代防空武器的主要发展方向。本书带你一起探寻防空武器的前世今生，揭开其神秘面纱。

本书在编写过程中，得到了陆军炮兵防空兵学院有关部门的大力支持，张家陶、朱宁、巩贺协助进行了资料的搜集和整理，在此一并表示衷心的感谢。

编者
2024 年 4 月

CONTENTS 目录

1 应急出世卫长空 / 01

仓促应战——从反气球炮到早期的高射炮 / 01
初露锋芒——第一次世界大战时的高射炮 / 05
屡立战功——第二次世界大战时的高射炮 / 09
技术领先——瑞典研制的40毫米高射炮 / 17
仿制改造——第二次世界大战美军装备的高射炮 / 20
功勋高炮——苏联M1939式37毫米高射炮 / 25
昙花一现——寿命短暂的大口径高射炮 / 30
纳粹遗产——第二次世界大战德国研制的地空导弹 / 34
简便防空——操作方便的高射机枪 / 41
瑞金砺箭——红军防空分队的创建及其装备 / 48
长征建功——红军防空分队的光辉战绩 / 54
以战养战——中国人民解放军最早装备的高射炮 / 58

2 现代作战显神威 / 62

针锋相对——飞机曾经的"克星"高射炮 / 63
广泛装备——百年列装的牵引式高射炮 / 69
机动灵活——机械化时代的自行高射炮 / 74
快射连发——抗击低空高速飞机的高射炮 / 79
火力旋风——射速超快的小口径高射炮 / 83
单人射击——第一种操作自动化的高射炮 / 88
高炮之王——口径超大的高射炮 / 92

霹雳神箭全域防空展雄风　天网恢恢疏而不失显神威

3 科技进步促防空 / 100

紧咬不放——高射炮怎样跟踪目标 / 101
相机开火——高射炮兵是如何射击的 / 105
量敌选弹——种类繁多的高射炮弹 / 114
技术独创——瑞典"博福斯"40毫米高射炮弹 / 121
指挥中枢——率先达成信息化的防空作战指挥系统 / 125
察敌千里——防空兵对空侦察预警系统 / 130

4 各具特色显异彩 / 134

风靡一时——低空防御的小口径高射炮 / 135
型号众多——瑞士GDF式35毫米高射炮 / 140
管数最多——"梅罗卡"20毫米12管高射炮 / 144
平台多样——美国研制的小口径多管高射炮 / 147
补足弱项——法国研制的小口径高射炮 / 151
造价高昂——德国"猎豹"35毫米自行高射炮 / 155
性优价廉——英国研制的小口径高射炮 / 159
多国引进——瑞典"博福斯"40毫米高射炮 / 163
自行之首——口径最大的76毫米自行高射炮 / 167
性能优越——第一种全天候全自动多管自行高射炮 / 170

CONTENTS 目录

5 现代防空"撒手锏" / 172

防空利箭——地空导弹的问世及发展 / 173
利箭猎狼——地空导弹怎样击毁空中目标 / 184
核弹防空——配装核战斗部的"波马克"地空导弹 / 187
技术成熟——遥控制导的早期地空导弹 / 191
仿生寻踪——红外制导的地空导弹 / 195
扬强避弱——复合制导的地空导弹 / 200
令人称道——TVM制导的地空导弹 / 203
各具其能——地空导弹的多种战斗部 / 206
力求机动——美国研制的车载式地空导弹 / 210
拦截导弹——美国"爱国者"地空导弹 / 214
多层防御——美国战区弹道导弹防御系统 / 219
反导先行——第一种实战部署的反导系统 / 224
精干短小——便携式地空导弹 / 227
性能优异——第三代便携式地空导弹 / 231
单兵神箭——美国"红眼"便携式地空导弹 / 234
扬威中亚——称雄阿富汗的"毒刺"地空导弹 / 237
机动拦截——法国新一代"响尾蛇"地空导弹 / 240
轻便灵活——法国"西北风"地空导弹 / 244
畅销多国——英国"长剑"地空导弹 / 247
战场立功——英军装备的便携式地空导弹 / 251
防空利刃——俄罗斯"道尔"-M1地空导弹 / 255

■ 霹雳神箭全域防空展雄风　天网恢恢疏而不失显神威

略高一筹——优于"爱国者"的 S-300 防空系统　/ 257
全域防空——俄罗斯 S-400 防空系统　/ 261
防天反导——俄罗斯 S-500 系统　/ 266
两针媲美——俄罗斯的"针"-1 和"针"　/ 271
自主作战——瑞典 RBS-90 地空导弹　/ 274
取长补短——性能互补的弹炮结合防空系统　/ 276
率先列装——苏联 2S6M"通古斯卡"弹炮结合防空系统　/ 280
性能先进——俄罗斯"铠甲"-S1 弹炮结合防空系统　/ 283
型号多样——美国研制的弹炮结合防空系统　/ 286

6 防空力量承国运　/ 290

后来居上——屡建战功的地空导弹　/ 291
世界扬名——中国地空导弹营首创战绩　/ 295
八战八捷——中国地空导弹痛击美国高空侦察机　/ 300
功过相抵——萨姆-2 一次防空战斗的功与过　/ 306
中东扬威——第四次中东战争立功的地空导弹　/ 311
惊喜不已——令叙利亚人着迷的"萨姆"　/ 314
虽败犹荣——南联盟抗击北约空袭　/ 319
防空失利——伊拉克惨败的重要原因　/ 325
实力差距——乌克兰防空的主要缺陷　/ 327

1

应急出世卫长空

仓促应战
——从反气球炮到早期的高射炮

随着军用气球出现并用于战场侦察,德国制造了射击气球用的火炮。这种火炮,曾被称为"反气球炮""气球射击炮",简称"气球炮"。20世纪初,人们又在反气球炮的基础上制成50毫米对空射击的火炮。飞机用于作战后,德国于1912年设计出了射击飞机的75毫米防空炮。第一次世界大战初期的防空作战中,就使用了这种专用火炮。

从反气球炮到用地炮改装高射炮,再到专用高射炮的出现,经历了百余年的时间。1781年出现了第

法军在弗勒鲁斯战役中率先使用"进取"号侦察氢气球

一个载人热气球，不久又出现了氢气球。法国最先编组了气球部队，该部队于1794年参加了弗勒鲁斯战役。

在1794年6月26日弗廖留斯会战中，奥地利曾以两门榴弹炮对法军的空中侦察气球射击，炮弹飞行高度达1000米，但未能击中气球。1870—1871年普法战争中，德军利用克虏伯兵工厂专门研制的36毫米口径火炮，在1870年11月12日的战斗中成功击毁法军的浮动气球。该炮炮管用钢制作，配装旋转的紧塞式炮闩，方向射界360°，高低射界-3°～+85°。1900年德国制成了第一艘飞艇——齐伯林飞艇，并将该飞艇编制在军队中服役。1910年法军研制并装备了75毫米反气球炮，该炮安装在汽车底盘上，初速562米/秒，最大射角75°，方向射界240°，使用榴霰弹射击，每分钟可发射10发炮弹，操作人员目视观察目标，在炮上装定射击诸元，用直接瞄准目标的方法射击。俄国也设计制造了类似的反气球炮。

1903年12月17日，美国莱特兄弟研制的动力飞机飞行试验成功。1909年美国陆军装备了世界上第一架军用飞机，1912年英国皇家飞机工厂也研制成功军用飞机。飞机出现后，很快便用于军事行动，主要用于空中侦察，在空中为地面部队指示目标，校正炮兵射击，轰炸扫射敌方地面作战部队，保持与先遣部队联络等任务，成为重要的作战工具。

在1911—1912年意土战争中，意大利使用了飞艇和飞机，对地面目标实施侦察和轰炸。为了寻求对飞艇、飞机作战的有效方法，一些国家开始将野战炮改装成高射炮，对空中目标射击。例如，俄国将M1900式和M1902式76毫米加农炮改装成对空射击的火炮。俄国兵工厂将加农炮安装在专门设计制造的活动炮架上，炮身能转动360°，射角可达30°～52°。但是，这种用野战炮改制的高射炮，射角在30°以下或52°以上均不能射击，射击时在高低上的死角很大；要利用图表查取或手工计算的方法，确定需要在瞄准装置上装定的射击诸元；开关炮闩、装定射击诸元、装填炮弹、下达射击口令、实施发射，都要靠人工进行；在飞机飞临己方火炮有效射击范围30秒时间内，仅能发射2或3发炮弹，而且射击精度很差。

作战实践证明，反气球炮、用野战炮改装的高射炮都不能有效地对付飞艇和飞机这类空中目标，于是多国开始了专用高射炮的研制工作。1906年德国对反气球炮进行了改进，制成口径50毫米专门用于对飞艇和飞机射击的火炮，其初速可达572米/秒，最大射高达4200米；1912年又设计了一种76毫米的专用高射炮，初速可达800米/秒，射高可达10000米，最大射角85°，方向射界360°。1912年俄国普季洛夫兵工厂开始研制专用高射炮，1914年成功研制76毫米高射炮。这种高射炮安装在汽车底盘上，初速588米/秒，最大射程8300米，最大射高5500米，高低射界−5°～+65°，方向射界360°，弹丸重6.5千克，使用榴霰弹射击，弹上装有可以定时22秒的定时引信。

在第一次世界大战前夕，德国、意大利、法国、俄国都装备了专用的高射炮。大战初期，用野战炮改装的高射炮和数量不多的专用高射炮是对飞艇、飞机作战的主要武器。俄国在战争中组建了251个高射炮连，其中30个连装备M1914式76毫米高射炮，其余均装备改装的野战炮。每个连装备的高射炮数量不统一，有的连装备2门高射炮，有的连装备4门或6门高射炮，有的甚至装备12门改装的野战炮。到了大战后期，专用高射炮的数量又有了较大的增长。在发展专用高射炮的同时，多国先后研制出测高仪、听音机、测速仪、测向仪、测距机、探照灯等，用于配合高射炮作战，解决了对空中目标射击时存在的目标侦察和射击诸元测定等问题，使专用高射炮的作战效能显著提高。

M1914式76毫米高射炮

初露锋芒
——第一次世界大战时的高射炮

第一次世界大战前，欧洲一些国家开始重视对浮空气球和气艇的防御，研制出性能较好的气球射击炮。这些火炮都投入了战场。1906年，德国在"气球炮"的基础上，制成50毫米口径的火炮，它是最早出现的性能突出的高射炮，发射榴弹初速可达每秒572米，射高可达4200米。1910年，法国生产出圣克莱·戴维中校设计的75毫米气球射击炮并装备部队，该炮安装在汽车底盘上，使用榴霰弹实施直接瞄准射击，射速达到10发/分。德国于1912年设计了专用的75毫米防空炮，射高可达10000米。同年，俄国普季洛夫兵工厂开始研制M1914式76毫米高射炮，该炮安装在汽车底盘上，射高可达5500米。1914年10月5日，俄国组建了第一个M1914式76毫米高射炮兵连。

第一次世界大战开始时，法军装备有M1913式自行高射炮和改装的可以对空射击的野炮。意大利参战时，只有1个高射炮兵连，装备4门75毫米高射炮。德军开战时仅装备36门摩托化牵引的高射炮和12门骡马牵引的高射炮。按计划，每个集团军配备一个摩托化高射炮兵连，每个师配备一个骡马牵引的高射炮兵连。由于高射炮数量少，只是在各集团军配备了摩托化高射炮兵班，而骡马牵引的高射炮兵班则担负保护后方目标的任务。因此，德国加紧研制和生产高射炮。1915年，德国改装了从法军和俄军缴

第一次世界大战法军装备的M1913式自行高射炮

获的700门野炮用于防空，还制造出多种型号的高射炮。到了1917年，德军相继研制装备了80毫米、88毫米、90毫米、105毫米的高射炮，射高达到7350米。此时，德军已经装备1579门高射炮。战争最后一年，德军共装备2576门高射炮，其中大部分为中型高射炮，主要用于射击侦察机和炮兵校正机。为对付低空突袭的强击机，德军开始研发轻型小口径自动高射炮和高射机枪，还研制了高射炮专用炮架、高射炮瞄准具，以及测高仪、防空探照灯等装备。

在第一次世界大战后期，英国组建了较为强大的高射炮兵。1918年1月，伦敦防空部队装备有249门高射炮和323台探照灯，后来又增配55门高射炮。1918年5月19日，德国空军空袭伦敦时飞机损失惨重，被迫停止空袭。法国巴黎是德国空军袭击的主要目标。1915年，法军装备有127门高射炮、88挺高射机枪、44台防空探照灯。1918年，巴黎防空部队已经装备34门105毫米重型高射炮、192门75毫米中型高射炮和较大数量的轻型高射炮和高射机枪，以及56台探照灯。基本火力单位如高射炮兵连和高射炮兵排，都配置在巴黎四周的发射阵地上。在战争的最后一年，德国共出动轰炸机483架次、夜间空袭巴

第一次世界大战德军装备的M1917式88毫米高射炮

黎 31 次，法军高射炮兵击落德军飞机 13 架，击伤多架。这在当时已经是令法国上下惊喜不已的重大战果了。

总体来看，第一次世界大战中，随着战争的进展，参战国军队装备的高射炮数量逐渐增多，功能性能不断提高。但此时期高射炮作战效能较差，高射炮击落一架飞机的弹药消耗量少则数千发，多至上万发。战后至 1930 年间，参战国研制的高射炮型号增加、性能提高，参战国装备高射炮数量明显增多。

第一次世界大战英军装备的车载高射炮

屡立战功
——第二次世界大战时的高射炮

第二次世界大战前夕，航空技术和航空工业迅速兴起，一批性能先进的飞机相继出现，并很快应用于军事作战。为了防御敌方的空袭，夺取制空权，一些军事技术基础较好、实力较强的国家，都非常重视高射炮等防空武器的研制和生产。战争初期，生产出的新式高射炮中，小口径高射炮的初速接近1000米/秒，中口径高射炮的射高可达万米以上。射击指挥仪、测距机和新式瞄准具的配用，使高射炮的作战效能明显提高。大战中后期，高射炮配用火控系统，自行高射炮初步形成完整的武器系统，并开始装备部队。高射炮成为当时唯一有效的防空武器，在防空作战中立下不朽功勋。

1928年，日本在大正十一式75毫米高射炮基础上，研制成八八式75毫米牵引式高射炮，装备日本陆军。该炮既用于野战防空，又用于城市防空，还安装在运输舰船上用于自卫。日本空军将其改造成航炮，配装在战斗机上。在硫磺岛和冲绳的作战中，日本守岛部队曾用此炮反坦克，在1000米距离上击毁了美军的"谢尔曼"坦克。该炮采用半自动横楔式炮闩、液压气体连通式反后坐装置和4轮炮架，高射时使用射击指挥仪，平射时使用炮上的瞄准具；初速720米/秒，最大射程13700米，有效射程8850米，有效射高6000米，高低射界0°～85°，方向射界360°，射速25发/分；采用卡车牵引，战斗全重2450

千克，操作人员编 12 人，最少需 4 人操作。到了第二次世界大战中后期，飞机性能迅速提高，该炮的射高难以击毁万米高空的美军 B-29 轰炸机。尽管如此，该炮仍是侵华日本陆军主要的防空武器，亚洲一些国家也曾装备过。

20 世纪 30 年代，德国在 M18/35 式 88 毫米高射炮的基础上，研制成 M1936 式 88 毫米牵引式高射炮。该炮改进了炮架，研制了随动系统，定型生产后装备德国陆军，用于要地防空，是第二次世界大战中

M1936 式 88 毫米高射炮

M1939式85毫米高射炮

德国装备数量最多、性能最好的中口径高射炮。该炮采用半自动横楔式炮闩、液体弹簧式反后坐装置和半固定炮架，配用射击指挥仪，发射空炸榴弹和着发榴弹；初速820米/秒，最大射程15000米，最大射高10000米，方向射界360°，高低射界-5°～+85°，射速15～20发/分；采用卡车牵引，战斗全重4900千克。

苏联于20世纪30年代研制生产的M1939式37毫米单管牵引高射炮，是依照瑞典"博福斯"40毫米高射炮仿制而成的，用于射击低空飞机，苏联曾将其改为单管牵引式和双管自行式两种高射炮。M1939式37毫米单管牵引高射炮原型自动炮为短后坐式，采用立楔式炮闩、液压制退机、弹簧式复进机、十字形炮架、双轴4轮炮车，配装向量瞄准具，配用曳光杀伤榴弹和曳光穿甲弹；初速880米/秒，最大射程8500米，有效射程3500米，最大射高6700米，有效射高

3000米，方向射界360°，高低射界−5°～+85°，理论射速160～180发/分，战斗射速80发/分，战斗全重2100千克。该炮是苏军在第二次世界大战中使用的主要轻型防空武器，在莫斯科保卫战等国土防空作战和野战防空中都发挥了重要作用。中国、朝鲜、越南、蒙古和民主德国等30多个国家曾装备此炮。

苏联于20世纪30年代还研制生产了M1939式85毫米牵引式高射炮，亦称KC−12式85毫米高射炮。该炮第二次世界大战爆发前装备苏联陆军，以取代M1939式76毫米高射炮，主要用于射击空中目标，也可用于射击地面目标。该炮炮管被选配在SU−85式85毫米反坦克炮和T−34式坦克的坦克炮上；采用半自动立楔式炮闩、多孔炮口制退器、液压制退机、液体气压复进机和光学瞄准具；通常配用ПУАЗО−6/12型射击指挥仪和COH−9型或COH−9A型炮瞄雷达。可与3型射击指挥仪和3米测高机配合，用于射击空中目标；对地面目标射击时，则用光学瞄准具装定诸元。配用杀伤榴弹、穿甲弹、曳光高速穿甲弹。榴弹、穿甲弹初速792米/秒，曳光高速穿甲弹初速1020米/秒。榴弹最大射程15650米，有效射程12000米，最大射高10500米，有效射高8382米，方向射界360°，高低射界−3°～+82°，战斗射速15～20发/分，战斗全重4300千克。在第二次世界大战中进行改进后，定型为M1944式85毫米高射炮，曾在苏军大量装备。该炮在第二次世界大战和以后的局部战争中，都曾广泛使用。

瑞典于1928年开始研制"博福斯"M/36L/60式

M1944 式 85 毫米高射炮

40毫米高射炮，并于1937年装备瑞典军队。该炮有多种改型，装备和仿制的国家多达数十个，是第二次世界大战中的主要防空武器之一。该炮配用简单光学瞄准具，使用曳光燃烧榴弹和曳光穿甲弹。20世纪80年代该炮还在继续进行改进，有的型号配用先进的火控系统，以及带近炸引信的预制破片弹和曳光穿甲榴弹。初速880米/秒，最大射程4750米，有效射程2560米，最大射高4660米，有效射高1200米。方向射界360°，高低射界-5°～+90°，理论射速120发/分，卡车牵引，使用不同炮架的战斗全重分别为2150千克或2400千克。

第一次世界大战后，瑞典研制出"博福斯"75毫米高射炮，用于对空中目标和地面目标射击。该炮采用半自动横楔式炮闩、液体气体连通式反后坐装置、4轮十字形炮架，配用射击指挥仪。高射时，用

"博福斯"M/36L/60式40毫米高射炮

指挥仪瞄准跟踪目标，求取射击诸元；平射时，用瞄准具直接瞄准目标射击。初速 750 米/秒，最大射程 14500 米，最大射高 9400 米，方向射界 360°，高低射界 -3°～+85°，行军全重 3750 千克，战斗全重 2600 千克，卡车牵引。第二次世界大战后逐渐退役。

1940 年末，美国开始仿制瑞典"博福斯"L/60 式高射炮，次年制出样炮，定型为 M1 式 40 毫米高射炮，1943 年装备部队。该炮采用短后坐式自动机、立楔式炮闩、液压弹簧式反后坐装置、十字形炮架和 4 轮炮车，配备计算瞄准具和 M5 型指挥仪。配用曳光燃烧榴弹、曳光穿甲弹。榴弹初速 880 米/秒，最大射程 4753 米，最大射高 4661 米，有效射高 2742 米，战斗射速 60 发/分，方向射界 360°，高低射界 -11°～+90°，行军全重 2656 千克，卡车牵引。美国多次对此炮进行改进，并销往 20 多个国家。

1944 年，美国开始研制 M51 式 75 毫米高射炮，亦称"扫天高射炮"。该炮于 20 世纪 50 年代中期装备美军，主要用于射击中低空目标和地面目标，是第一种将高射炮、雷达和计算机组合为一体的防空武器系统。采用立楔式炮闩、液体气压制退机、旋转式弹舱、十字形炮架、4 轮炮车。火控系统包括 M15 型指挥仪、M4 型跟踪雷达、M10 型弹道计算机、M16 型电源机和 M22 型目标选择器。配用榴弹和电子引信。初速 854 米/秒，最大射程 13000 米，有效射程 6300 米，最大射高 9000 米，方向射界 360°，高低射界 -6°～+85°，射速 45 发/分，战斗全重 8750 千克。20 世纪 60 年代中期被"霍克"地空导弹取代。

美国于 1938 年开始研制 90 毫米高射炮，1940 年装备美军。最初称为 M1 式 90 毫米高射炮，战后定名为 M117 式 90 毫米高射炮，用于射击中高空目标、坦克和水面目标。配用的 M33 型火控系统，包括搜索雷达、跟踪雷达、火控设备专用拖车和射击指挥仪。采用十字形炮架和 4 轮炮车，配用榴弹、穿甲榴弹和曳光高速穿甲弹。初速 824 米/秒，最大射程 17879 米，最大射高 10980 米，有效射高 8500 米，方向射界 360°，高低射界 $-10°\sim +80°$，最大射速 28 发/分，行军全重 8626 千克，战斗全重 6646 千克。改进型称为 M2 式 90 毫米高射炮，1943 年 5 月装备美军，战后定名为 M118 式 90 毫米高射炮。20 世纪 60 年代初被"霍克"地空导弹取代，但仍有一些国家装备。

第二次世界大战期间，美国研制出 M1 式 120 毫米大口径高射炮，先后改制成 M1A1 式、M1A2 式、M1A3 式 3 种型号，第二次世界大战中装备美军，用于要地防空，射击中高空和高空目标。M1A3 式榴弹全弹重 22.7 千克，初速 945 米/秒，最大射程 25800 米，最大射高 18300 米，有效射高 12200 米，方向射界 360°，高低射界 $-5°\sim +80°$，射速 $12\sim 15$ 发/分，使用拖拉机牵引，战斗全重 21200 千克，配用高射炮射击指挥仪和目标指示雷达、炮瞄雷达。整个高射炮系统装备庞大复杂，机动性差，使用受到诸多条件限制，20 世纪 50 年代末期被"奈基"地空导弹取代。美国研制的上述几种高射炮，在第二次世界大战中除装备美军外，还大量销往欧洲、亚洲、美洲、非洲、大洋洲多个国家，使美国成为防空武器出口的军火霸主。

技术领先
——瑞典研制的 40 毫米高射炮

19 世纪,"炸药之父"诺贝尔收购瑞典著名的博福斯公司,使该公司得以迅速发展。飞机出现在欧洲战场以后,瑞典对防空火炮的研制十分重视,博福斯公司在研制生产高射炮方面走在世界的前列。在第一次世界大战后,该公司研制出"博福斯"80 毫米中口径高射炮和 L/60 式 40 毫米小口径高射炮。在第二次世界大战中,由于瑞典是以中立国的地位出现,博福斯公司便可以向多国销售武器,"瑞典造"成为军火市场的抢手货。在第二次世界大战期间,该公司生产的 40 毫米防空炮是许多国家防空火力标配,总产量达到 50000 门以上。

瑞典博福斯公司生产的 40 毫米高射炮,第一代产品是 L/60 式 40 毫米高射炮。该炮于 1928 年开始研制,1931 年研制成功,1937 年装备瑞典军队。该炮性能良好,不仅瑞典大量生产,而且许多国家争相进行仿制,总数达到 10 万门以上,当时有 10 多个国家的防空部队装备了这种高射炮,这在第二次世界大战之前是很少见的。该炮发展出多种改型,成为第二次世界大战中的主要防空武器之一。这种高射炮身管长 2400 毫米,是口径的 60 倍,配用简单光学瞄准具,使用曳光燃烧榴弹和曳光穿甲弹。20 世纪 80 年代,瑞典还在继续对该炮进行改进,配用先进的火控系统,以及带近炸引信的预制破片弹、曳光穿甲榴弹。初速 880 米/秒,最大射程 12500 米,有效射程 2560

米，最大射高4660米，有效射高1200米，理论射速120发/分，高低射界-5°～+90°，方向射界360°，使用不同炮架，战斗全重分别为2150千克或2400千克，使用卡车牵引。

1945年，瑞典开始研制L/70式40毫米高射炮。这种高射炮是博福斯公司40毫米高射炮的第二代产品，主要用于低空防御，还可用作舰炮。1955年该炮装备英军轻型高射炮兵团，1962年装备意大利轻型高射炮兵部队。该炮机动性好，操作简便，既可用光学瞄准具进行手动瞄准，又可用外部火控系统遥控瞄准，可配用"超蝙蝠""京燕""防空卫士"等火控系统。配用曳光燃烧榴弹、曳光被帽穿甲弹、预制破片弹和薄壁榴弹。身管长2800毫米，是口径的70倍。榴弹初速970米/秒，穿甲弹初速1025米/秒，脱壳穿甲弹初速1200米/秒，最大射程12500米，有效射程4000米，最大射高7800米，使用瞄准具射击有效射高1400米，使用指挥仪射击有效射高3000米，

「博福斯」L/70式40毫米高射炮

"博福斯" L/70 式 40 毫米高射炮

弹丸自炸高度 5000 米，方向射界 360°，高低射界 -5°～+90°，高低瞄准速度 45°/ 秒，方向瞄准速度 85°/ 秒。理论射速 240 发 / 分，毁歼概率 87%，行军战斗转换时间 1 分钟，战斗全重 4800 千克，卡车牵引。炮车上装有辅助短程推进装置，可在阵地上及其附近进行短距离机动。

20 世纪 50 年代，L/70 式 40 毫米高射炮成为北约国家军队的制式防空武器，美国、奥地利、法国、西班牙、挪威、丹麦、比利时、荷兰、以色列、加拿大等 50 多个国家引进和装备了这种高射炮。引进这种高射炮后，有的国家对其进行了改进，命名也不一样。例如，法国命名为 5I－TI 式 40 毫米高射炮，英国命名为 40/70 式 40 毫米高射炮，联邦德国命名为 L/70 式 40 毫米高射炮，意大利经改进后命名为"布雷达" 40 毫米高射炮。

此外，继第二次世界大战中研制出 L/60 式 105 毫米大口径高射炮，战后瑞典博福斯公司利用 40 毫米高射炮的成熟技术，又研制出 L/60 式 57 毫米高射炮，其技术水平在当时处于领先地位。

仿制改造
—— 第二次世界大战美军装备的高射炮

第二次世界大战中，飞机的性能迅速提高，使用飞机空袭成为重要的战略和战役行动，对摧毁敌方军事设施和工业基础，扭转战争局势，起到突出的作用。美国加强了防空武器的研制和发展，在第二次世界大战期间吸收欧洲国家高射炮技术，研制并装备了M1式（改进型为M117式）90毫米高射炮、M2式（改进型为M118式）90毫米高射炮、M1式40毫米高射炮、M51式75毫米高射炮、M1式120毫米高射炮。

M1式90毫米高射炮，是美国沃特夫利特兵工厂于1938年开始研制的，1940年装备美军。最初称为M1式，战后改进定名为M117式90毫米高射炮，用于射击空中目标、坦克和水面目标。配用M33型火控系统，包括搜索雷达、跟踪雷达、火控设备专用拖车和指挥仪。采用十字形炮架和4轮炮车，配用榴弹、穿甲榴弹和曳光高速穿甲弹。初速824米/秒，最大射程17879米，最大射高10980米，有效射高8500米，方向射界360°，高低射界-10°～+80°，最大射速28发/分，行军全重8626千克，战斗全重6646千克。20世纪60年代初被"霍克"地空导弹取代，但仍有一些国家装备。

改进型称为M2式，1943年5月装备美军，战后定名为M118式。M118式90毫米高射炮，是美国于1939年开始研制的90毫米牵引高射炮，1940年装备美军。最初定名为M2式90毫米高射炮，第二次世界大战后改进命名为M118式90毫米高射炮,用于射击空中目标、坦克和水面目标。由M2A1或M2A2式炮身、M17系列制退机、M20型引信测合输弹机及M2A2式炮架组成,配用M33型火控系统,包括搜索雷达、跟踪雷达、火控设备专用拖车和射击指挥仪。采用十字形炮架和4轮炮车,配用榴弹、穿甲榴弹和曳光高速穿甲弹。榴弹初速824米/秒,最大射程19000米,最大射高11000米,有效射高8500米,方向射界360°,高低射界-10°~+80°,最大射速28发/分,行军全重14650千克。20世纪60年代初被"霍克"地空导弹取代。

M1式40毫米高射炮,是美国克莱斯勒公司按照瑞典"博福斯"L/60式高射炮,于1940年开始仿制

M118式90毫米高射炮

的40毫米高射炮，1941年制成样炮，1943年装备部队。采用短后坐式自动机、立楔式炮闩、液压弹簧式反后坐装置、计算瞄准具和M5型指挥仪、十字形炮架和4轮炮车，配用曳光燃烧榴弹、曳光穿甲弹。榴弹初速880米/秒，最大射程4753米，最大射高4661米，有效射高2742米，战斗射速60发/分，方向射界360°，高低射界-11°～+90°，行军全重2656千克，卡车牵引。有近30个国家曾装备此炮。

M1式120毫米高射炮，是美国于第二次世界大战期间研制生产的大口径高射炮，先后制成M1A1式、M1A2式、M1A3式3种型号。第二次世界大战中装备美军，用于要地防空，射击中高空和高空目标。初速945米/秒，最大射程25800米，最大射高18300米，有效射高12200米，方向射界360°，高低射界-5°～+85°，射速10～12发/分，使用拖拉机牵引，战斗全重21200千克。配用M33高炮射击指挥雷达

M1式120毫米高射炮

M51 式 75 毫米高射炮

系统（包括目标指示雷达、炮瞄雷达和射击指挥仪）。使用榴弹，全弹重 45 千克。整个高射炮系统装备庞大复杂，机动性差，使用受到较多条件限制，20 世纪 50 年代末期被"奈基"地空导弹取代。该炮从陆军装备中撤编后，装备陆军国民警卫队。

M51 式 75 毫米高射炮，绰号"扫天"，是美国艾特纳标准件厂于 1944 年开始研制的 75 毫米高射炮，1945 年制成样炮，20 世纪 50 年代中期装备美军，主要用于射击中低空目标和地面目标。该炮是第一种将高射炮、雷达和计算机组合为一体的防空武器系统，但结构复杂，重量大，机动性能差。采用立楔式炮闩、液体气压制退机、旋转式弹舱、十字形炮架、4

轮炮车。火控系统包括 M15 型指挥仪、M4 型跟踪雷达、M10 型弹道计算机、M16 型电源机和 M22 型目标选择器，配用榴弹和电子引信。初速 854 米/秒，最大射程 13000 米，有效射程 6300 米，最大射高 9000 米，方向射界 360°，高低射界 −6°～+85°，射速 45 发/分，战斗全重 8750 千克，履带牵引车牵引。20 世纪 60 年代中期被"霍克"地空导弹取代。

第二次世界大战之后，在加紧研制地空导弹的同时，美国研制出一批小口径高射炮，与地空导弹配合使用，担负低空近程防空作战任务。

M42 式 40 毫米双管自行高射炮，是美国通用汽车公司于 1951 年开始研制的 40 毫米双管自行高射炮，1953 年装备美国陆军，用以取代 M19 式自行高射炮，主要用于前沿阵地对付低空目标。该炮由两管 40 毫米自动炮、敞开式炮塔、光学火控系统、M41 式轻型坦克底盘组成，火控系统包括计算瞄准具、反射瞄准具和环形瞄准具，配用曳光燃烧榴弹和曳光穿甲弹。初速 880 米/秒，最大射程 9500 米，最大射高 5000 米，方向射界 360°，高低射界 −5°～+80°（人工）、−3°～+85°（动力），理论射速 240 发/分，战斗全重 22452 千克。该炮射速和瞄准速度低，射程近，不能全天候作战，对现代空中目标射击效果有限，自 1969 年起逐步被"火神"20 毫米 6 管高射炮取代，美国国民警卫队仍有装备。此外，欧洲、亚洲及美洲一些国家，也曾装备此炮。

功勋高炮
——苏联 M1939 式 37 毫米高射炮

1932 年，苏联军方感到现有防空武器无法对付今后可能出现的飞机，于是向瑞典博福斯公司购买了 M1932 式 25 毫米高射炮，计划进行仿制。很快，苏联发现 25 毫米口径的博福斯高射炮威力小，于是在博福斯 M34 式 40 毫米高射炮的基础上设计出了 45 毫米的 72-K 式高射炮，和博福斯 25 毫米高射炮一起装备苏联海军。1938 年，苏联陆军认为 72-K 式 45 毫米高射炮不适合机动作战，在 72-K 式基础上

M1939 式 37 毫米高射炮

不断改进，设计出 61-K 式 37 毫米高射炮。

1939 年，苏联和德国瓜分了波兰，苏联获得了一批瑞典博福斯 L65 式 40 毫米高射炮，在与本国的 72-K 式和 61-K 式高射炮做过对比测试后，45 毫米的 72-K 式高射炮性能不佳，于是苏联停产了 72-K 式高射炮转而量产 61-K 式高射炮，1939 年定型为 M1939 式 37 毫米高射炮。

M1939 式 37 毫米高射炮，为炮身短后坐式自动炮，采用立楔式炮闩、液压制退机、弹簧式复进机、十字形炮架、双轴 4 轮炮车，配用向量瞄准具。战斗全重 2100 千克，炮身长 2729 毫米（74 倍口径），高低射界 $-5°\sim +85°$，方向射界 360 度；配用曳光杀伤榴弹和曳光高爆穿甲弹，初速为 880 米 / 秒，最大射程 8500 米，有效射程 4000 米，最大射高 6700 米，有效射高 3000 米；理论射速 $160\sim 180$ 发 / 分，战斗射速 80 发 / 分，采用 5 发弹夹供弹，使用高爆穿甲弹可在 500 米的射击距离上击穿 46 毫米的钢板，脚踩踏板击发。全炮需要 8 人操作，射击时需要先把十字架的 4 个脚放下使车轮悬空，由 4 个螺旋千斤顶支撑，以保证射击稳定。

M1939 式 37 毫米高射炮由加里宁第八工厂负责制造，后来伏罗希洛夫工厂也投入生产，截至 1945 年共计生产超过 18000 门，其中有 300 门 M1939 式 37 毫米高射炮装在 T70 轻型坦克底盘上，成为 ZUS-37 式 37 毫米自行高射炮。为提高火力打击能力，苏联还将该炮改进成双管的 37 毫米自行高射炮。M1939 式 37 毫米高射炮在东线主要对付的是德国斯图卡俯冲轰炸机和中低空飞行的空中目标，有时也会作为反装甲火炮使用。在1941年的沃洛科拉姆斯克保卫战期间，德军损失的坦克中有60%是被M1939式37毫米高射炮击毁的（德国坦克主要是轻型2号坦克和捷克LT-38坦克）。

朝鲜战争爆发后，我国从苏联订购了一批M1939式37毫米高射炮，装备了10个高炮团。这批高炮团随志愿军入朝后，面对气焰嚣张的"联合国军"，在抗击美国空军的"绞杀战"中，发挥了重要作用。朝鲜战争期间的1951—1953年，我国继续引进M1939式37毫米高射炮，组建了101个独立高射炮营，这些高射炮营多数入朝，参加防空作战，成为缺少制空权的中国人民志愿军有效的对空保护伞。在1951年6月9日的黄江桥（汉浦桥）防空作战中，高炮独立第31营3连4班一炮手刘四，在其他战友伤亡的情况下，独自一人操作一门37毫米高射炮，击落一架美国喷气式战斗机，荣立一等功。1951年12月，刘四被中国人民志愿军总部授予"二级对空射击英雄"称号，并获朝鲜民主主义人民共和国二级战士荣誉勋章。1951年9月29日至10月29日间，志愿军高炮独立第22营和第23营配属第47军，在夜月山、天德山至大马里地段的防御作战中，击落敌机41架、击伤96架，保证了志愿军阵地的对空安全，支援步兵取得歼敌2.5万余人的胜利。仅在1951—1952年的反"绞杀战"中，以M1939式37毫米高射炮为主装备的志愿军高射炮兵部队，共击落敌机260余架、击伤1070余架，粉碎了美国以空中优势绞杀中国人民

中国 65 式 37 毫米双管高射炮

志愿军的企图。1954年，M1939式37毫米高射炮成为新中国最早仿制的武器之一，1955年定型为55式37毫米高射炮。在55式37毫米高射炮基础上，我国又改进出65式双管37毫米高射炮和74式双管37毫米高射炮，并迅速装备部队。

M1939式37毫米高射炮结构简单，操作简便，耐用性好，经过战场检验，受到好评。但该炮未配备炮瞄雷达，只能在好天候条件下射击，技术上已经不适应现代条件下作战的要求，逐步被后继型号取代。除中国外，民主德国、保加利亚、南斯拉夫、阿尔巴尼亚、罗马尼亚、古巴、朝鲜、越南、蒙古、伊朗、伊拉克、阿富汗、巴基斯坦、叙利亚、埃及、摩洛哥、突尼斯、苏丹、索马里、也门、安哥拉、刚果、乌干达、津巴布韦和坦桑尼亚等30多个国家，曾装备使用过该炮。有的国家在该炮退役后，仍在后备役部队中大量装备。

昙花一现
—— 寿命短暂的大口径高射炮

高射炮通常按口径分为小口径、中口径和大口径三大类。欧洲和美洲一些国家，按高射炮的全重，将高射炮分为轻型、中型和重型三大类。大口径高射炮一般指口径在 100 毫米以上的重型高射炮，它的任务是对中高空和高空飞行的飞机作战。最早研制的高射炮多为中口径，也有少量为小口径。第一次世界大战后期，高射炮作战对象——飞机的飞行高度和速度提高很快，对射程和射高更大的高射炮的需求更加迫切，大口径高射炮的研制工作随之开始。1918 年，在法国巴黎执行防空任务的就有 105 毫米高射炮 34 门。到 1930 年，法国、意大利、英国等国家先后研制出几种大口径高射炮。其中，法国研制的 105 毫米高射炮，初速 850 米 / 秒，水平射程 21000 米，射高 9000 米，弹重 15 千克；英国研制的 101.6 毫米高射炮，初速 825 米 / 秒，水平射程 15000 米，射高 7900 米，弹重 14.5 千克，全炮重 7700 千克。1938 年，德国也研制出当时性能最好的 105 毫米高射炮，其初速为 880 米 / 秒，最大射程 17700 米，最大射高 12800 米，射速可达 15 发 / 分。第二次世界大战中，美、英、法、德、瑞典等国家先后研制出口径在 105 ～ 133 毫米之间，性能更佳的大口径高射炮，均采用机械牵引。

第二次世界大战初期，美国研制的 M1 式 120 毫米高射炮，初速为 945 米 / 秒，最大射程 25800 米，最大射高 18300 米，有效射高 12200 米，炮弹重 45

千克，弹丸重 22.7 千克，射速 10 ～ 12 发 / 分。

英国研制的 MK2 式 133 毫米高射炮，初速 854 米 / 秒，最大射程 24600 米，最大射高 17380 米，炮弹重 57.1 千克，弹丸重 36.25 千克，射速 7 ～ 10 发 / 分。

第二次世界大战后，苏联研制出 KS-30 式 130 毫米大口径高射炮，初速 970 米 / 秒，最大射程 27500 米，最大射高 19500 米，有效射高 13700 米，炮弹重 50 千克，弹丸重 33.4 千克，高低射界 -5°～+85°，方向射界 360°，行军状态全重 29500 千克，战斗状态全重 24900 千克，采用重型履带牵引车牵引，配有高射炮射击指挥仪、炮瞄雷达和其他作战指挥器材，1955 年装备苏联国土防空军。这是苏联研制并装备部队的最大口径的高射炮，也是世界上最后研制的大口径高射炮。

M1 式 120 毫米高射炮

大口径高射炮于20世纪50年代中期便停止研制和生产,并逐步被淘汰。为什么大口径高射炮的寿命如此短暂,从出现到消亡也不过30年时间?主要原因如下。

(1)整个武器系统设备复杂,重量大,机动困难,使用不便。由于口径大,要把很重的弹丸发射出去,并在预定空域爆炸命中目标,需要较复杂的设备,要有较多、较大的仪器/器材的配合。例如,美军装备的120毫米高射炮,全炮重31吨(相当于一个中口径高射炮连所有高射炮的全部重量),炮瞄雷达重约10吨,高射炮射击指挥系统重约7吨,牵引

KS-30 式 130 毫米高射炮

高射炮的 M4 型拖拉机重约 16 吨（M6 型拖拉机重约 38 吨），还有其他一些装备。如此庞大复杂的武器系统，作战行动和战术使用受到很多条件的限制。

（2）弹丸飞行时间长，射击精度不高。弹丸飞行速度慢，飞行中受气象条件影响大，使得被射击的目标能来得及进行反高射机动。

（3）火力反应速度慢，缺乏对低空目标作战的能力，作战时本身需要其他防空武器（如高射机枪和小口径高射炮等）的配合与掩护。

（4）作为身管射击武器的大口径高射炮，再继续提高其射程、射高、射速、射击精度和机动能力，已受到技术条件的限制，提高效果也十分微小。

（5）最主要的是，作为新型防空武器的地空导弹，于 20 世纪 50 年代中期研制成功，用它可以更好地完成大口径高射炮担负的射击任务。

任何武器的产生、发展和消亡，都是随着作战对象的出现、发展变化，以及同类武器的产生而发展变化的。大口径高射炮的出现、发展和消亡，也完全体现了这条规律。

纳粹遗产——第二次世界大战德国研制的地空导弹

第二次世界大战中期，盟军开始轰炸德国本土。为对抗美英铺天盖地来袭的轰炸机群，1942 年德国制定了"五年计划"，以布劳恩等专家为核心技术团队，成功研发地空导弹，如"瀑布""莱茵女儿""蝴蝶""龙胆草"等型号导弹的研究都取得了一定进展，有的型号甚至进行了实弹检验和试射，但没有来得及投入实战，纳粹德国即告覆灭。这些导弹和技术资料，生产和试验设备，乃至导弹专家和研制团队，都成为美、苏、英等国家拼命掠夺争抢的对象，为这些国家率先研制出第一代地空导弹打下了基础。

德国地空导弹研究的第一个成果，就是当时被称为"瀑布"遥控防空火箭的"瀑布"地空导弹。"瀑布"与 A-4 火箭（V-2 弹道导弹）的弹体外形和结构相似，只有 A-4 火箭体积的 1/4 左右，弹体中部增加了 4 片对称矩形弹翼。"瀑布"地空导弹采用垂直发射方式，使用双组元的自燃推进剂（乙烯基异丁醚/红烟硝酸）作燃料，无须点火装置，推进剂在燃烧室中相互接触即发生剧烈燃烧。采用目视指令制导，制导系统的地面操作员需要全程盯住导弹飞向目标，观察导弹尾迹修正航向。导弹操作员的指令通过控制手柄传给地面站，由地面站将控制指令转换为无线电信号向弹载接收机发送，由弹载接收机将指令信号直接传给各舵面舵机。弹上的陀螺驾驶仪保持导弹在俯仰、滚转及偏航轴上的稳定，操作员依靠控制指令改变导弹弹道的高低角和方向角,在导弹飞到目标附近区域后,手动遥控引爆导弹战斗部。

"瀑布"地空导弹最初使用110千克的高爆战斗部,后来加大到360千克,并且采用液体炸药掺混扩爆药的装填形式,以期取得更大的爆炸冲击波半径,力争使爆炸杀伤范围同时覆盖编队飞行的多架重型轰炸机航迹。

"瀑布"地空导弹共有3种型号,分别是W-1、W-5和W-10。前两个型号的弹体参数相似,只是弹翼设计不同。为节约材料和成本,W-10则是等比例缩小的型号。

导弹专家布劳恩还设计了两套全新的制导系统,

待发射的『瀑布』W-5地空导弹

但受限于当时的条件只能停留在蓝图里。"瀑布"地空导弹弹长7.8米,弹径0.95米,最大射高1.6万米,最大射程25千米。虽然在1944年的一系列实弹试验并不成功,但德军依然对"瀑布"地空导弹寄予厚望,甚至提出了每月生产5000枚"瀑布"地空导弹的计划。

第二次世界大战结束后,导弹专家布劳恩被挟持到美国,美国在"瀑布"地空导弹的基础上研发出"奈基"地空导弹,成为美军在"冷战"前中期的主力地空导弹。

1942年9月18日,帝国航空部与莱茵金属公司签订新型地空导弹的研发合同。由曾研制"莱茵信使"地地战术火箭的克雷因博士担任该项目的主要负责人。新型地空导弹被命名为"莱茵女儿",有采用固体燃料的R1和采用液体燃料的R3两种型号。两种型号的地空导弹各项参数相似,弹长5.74米,最大射程12千米,最大射高6千米,采用无线电指令制导方式,翼尖带有发光装置,以方便导弹操作人员目视观察飞行弹迹进行遥控。莱茵金属公司在1943年先后研发出R-1型及其改进R-2型地空导弹,并进行了多次试验,但射高不能满足军方需要。1944年,莱茵金属公司又研制出采用液体燃料火箭发动机的R-3型地空导弹,并在外部增设两具可抛式助推火箭,缩小了地空导弹的外形尺寸和重量,增大了飞行速度和射程。木制的弹翼减轻了弹体重量,降低了制造成本。弹体内装有160千克高爆炸药,由位于弹头的雷达末端导引头引爆。该弹发射后由"莱茵兰"雷达系统配合实施无线电制导。由于液体燃料火箭发动机研发滞后,因此改换为固体燃料火箭发动机,这一型号被称为 R-3p。其发射架采用改造过的 Flak41 式 88 毫米防空炮的炮架。在 1944 年底进行的 6 次试射中,R-3p 的射高达到了 12 千米,最高时速 1300 千米。

"莱茵女儿"试射了 82 次,一直到第二次世界大战结束都未能服役,最终成为盟军的战利品。20 世纪 50 年代,西方国家研制出的第一代地空导弹,都吸收了该系列导弹的技术成果。

总装完毕的"莱茵女儿"地空导弹

"龙胆草"E-4 地空导弹,是德国梅塞施密特公司 1944 年初开始研制的地空导弹。开始研制时的技术方案,是从 Me163 火箭动力战斗机得到灵感,设计出的导弹有类似飞机的三角翼,弹身粗短,有 4 个助推器和 1 台主发动机。弹长 4 米,弹重 1800 千克。由于火箭发动机和控制系统存在难以解决的技术问题,因此直到战争结束,该导弹都未能研制成功。

第二次世界大战结束到 20 世纪 50 年代末,美苏两国在德国导弹技术专家和研究成果的基础上,仿制、试验了一批导弹,同时开始自行设计制造第一代地空导弹。为对付战略轰炸机、战略侦察机等高空高速目标,美苏最先发展出中高空、中远程地空导弹,射程一般为 50 千米,最远达 140 千米,射高在 30 千米左右,对高空飞机构成了一定威胁。代表性的型号有美国的"波马克"和"奈基"-Ⅰ、"奈

"龙胆草"地空导弹

"奈基"地空导弹

基"-Ⅱ型地空导弹,以及苏联的萨姆-1和萨姆-2型地空导弹等。

"奈基"地空导弹

简便防空——操作方便的高射机枪

高射机枪是最轻便、最灵活的防空武器，具有操作灵活、初速大、射速快、射击稳定性好等特点。装备在高射炮兵部队的高射机枪，主要用于对付低空和超低空进袭的目标，还可作为自卫武器；装备在步兵部队的高射机枪，可以称得上是步兵威力超群的"重火器"，主要用于对空中目标进行射击，也可用于射击地面轻型装甲目标和压制火力点。现代战争中，要对付武装直升机和超低空目标，高射机枪是重要的武器之一，是高射炮的好帮手、好搭档。

高射机枪有便携式单管高射机枪和牵引式多管联装高射机枪两种，有的采用三脚枪架，有的采用牵引枪架，或安装在装甲车辆、舰艇等机动平台的枪座上。为提高射速，常以数挺枪身组合在一起，配有共用的高低机、方向机和瞄准具，以组成双联装或4联装机枪。高射机枪的有效射程，对空中目标射击为1600～2000米，对地面目标射击为800～1000米。高低射界-15°～+90°，方向射界360°。采用弹链供弹，常用枪弹有穿甲燃烧弹、穿甲燃烧曳光弹和燃烧弹等。

在第一次世界大战中，把普通机枪安装在改造的枪架上，作为高射机枪使用，初步解决了缺少高射炮的难题。第一次世界大战后期，研制出性能较好的高射机枪。中国工农红军防空分队和八路军、新四军的步兵分队，缺少防空武器，都是把缴获的重机枪配装在改造的枪架上，抗击国民党军和日军飞机的空袭。

在第二次世界大战前，美国研制出 M2HB 式 12.7 毫米单管高射机枪，1937 年装备美军，并被多个国家采购或引进生产。战后，北约各国及日本都装备了这种高射机枪的改进型。该枪由 1 挺机枪和支架组成，配用穿甲弹、曳光穿甲弹、穿甲燃烧弹。初速 893 米/秒，最大射程可达 6800 米，有效射程 1650 米，有效射高 1000 米，理论射速 450～500 发/分，配 M3 式支架时战斗全重为 57.2 千克，配 M63 式支架时战斗全重为 65 千克。

配用轻型三脚架的 M2HB 12.7 毫米重机枪

苏联在第二次世界大战前研制生产了 DSHK 式"捷施卡"12.7 毫米高平两用机枪，1938 年装备苏军。该枪由 12.7 毫米机枪、环形高射瞄准具和枪架组成。配用燃烧弹、穿甲燃烧曳光弹，初速 860 米/秒，最大射程可达 7000 米，对飞机射击的有效射程 1600 米，对 10 毫米厚的装甲目标射击有效射程 800 米，射速 540～600 发/分，带防弹板时全重 180 千克，不带防弹板时全重 157 千克。可配装轮式枪架、高射三脚枪架，或安装在坦克和装甲车的枪座上。配装在高射

搭载在通用武器遥控站上的 M2HB 重机枪

美军士兵操作 M2HB 重机枪

三脚枪架上，便成为步兵的制式防空装备——12.7毫米高射机枪。

20世纪40年代，苏联开始研制威力更大的ZPU-2式14.5毫米双管高射机枪，1951年装备苏军摩托化步兵团，也装备华约各国军队，用于射击低空目标和地面目标。该枪由联装的双管14.5毫米机枪、枪架本体、高射瞄准具和支架组成，配用燃烧弹、穿甲燃烧弹和曳光穿甲弹。初速1000米/秒，有效射高1000米，有效射程2000米，理论射速2×600发/分，战斗射速2×150发/分，方向射界360°，高低射界-10°～+90°，行军全重（含300发枪弹）940千克，战斗全重650千克，可用卡车、吉普车牵引或装甲车搭载。

在ZPU-2式14.5毫米双管高射机枪的基础上，苏联于20世纪40年代还研制了高平两用4管高射机枪，定型为ZPU-4式14.5毫米4管高射机枪。这是世界上口径和重量最大的枪械，20世纪50年代装备苏军师属高炮团和摩托化步兵团，也装备华约各国军队，用于射击距离在2000米以内的空中目标、1000米以内的地面目标和水面轻型装甲目标。该枪由4管14.5毫米枪身、高射瞄准具和枪架组成，配用弹种、性能与ZPU-2式14.5毫米双管高射机枪相似。该枪具有射速高、威力大、易于操作、机动性强、行军战斗转换速度快的特点，理论射速4×600发/分，战斗射速4×150发/分，行军全重（含600发枪弹）2100千克，卡车牵引。

第二次世界大战之后，美国研制生产了M85式

DSHK 12.7毫米大口径高射机枪

中国 75 式 14.5 毫米单管高射机枪

12.7 毫米单管高射机抢，20 世纪 60 年代初期大量配装于北约国家军队的装甲车和坦克上，用于射击低空目标和地面轻型装甲目标。该枪配用穿甲弹、曳光穿甲弹和穿甲燃烧弹。穿甲弹的初速 930 米 / 秒、穿甲燃烧弹的初速 894 米 / 秒，最大射程可达 6650 米，有效射程 1650 米，有效射高 1000 米；理论射速有两种，高射速为 1100 发 / 分，低射速为 450 发 / 分；机枪全重 27.9 千克。

中国人民解放军曾研制并装备过数种高射机枪，其中性能较好的有 1954 年式 12.7 毫米高射机枪、1977 年式 12.7 毫米高射机枪和 1985 年式 12.7 毫米高射机枪，还有 14.5 毫米口径的高射机枪。

中国 77 式 12.7 毫米高射机枪

中国人民解放军防空部队所属的高射机枪分队，曾多次取得击落敌军飞机的战果。1948 年 11 月至 1949 年 1 月，在淮海战役中，华东野战军特种兵纵队高射机枪队在掩护地面部队行动时，积极配合各纵队作战，共击落国民党空军飞机 1 架，击伤 5 架。1953 年 1 月 18 日（星期日），1 架美国海军 P2V 巡逻机以高度 300 米飞临广东省惠来县靖海雷达站上空，企图乘假日偷袭摧毁雷达。该雷达站所属的 3 个 12.7 毫米高射机枪班常备不懈，突然开火射击，发射 200 多发高射机枪弹，将来袭美机击落。

在抗美援朝战争中，中国人民志愿军使用高射机枪，多次击落美军飞机。志愿军炮兵第 7 师第 11 团高射机枪连,1951年2月入朝参战,使用6挺旧式高射机枪,作战288次,击落美军飞机31架、击伤18架,荣立集体一等功。1953年8月,该连被中国人民志愿军总部和朝鲜人民军总部联合授予"制空猎手连"荣誉称号。1953年4月25日,美国空军F-4U飞机4架,对配置在朝鲜截宁地区的中国人民志愿军雷达连俯冲攻击,该雷达连编成内的高射机枪排迅速捕住目标,实施射击,经3分钟战斗,击落美军F-4U飞机1架。战后,该高射机枪排荣立集体三等功。

中国02式14.5毫米高射机枪

瑞金砺箭
——红军防空分队的创建及其装备

中央军委历来十分重视防空问题。早在土地革命战争时期,中国工农红军总部及各军团就组建了防空分队,使红军具备了抗击国民党军飞机低空来袭的初步手段,并成为对空防御的骨干力量。

土地革命战争时期,国民党军在对中央苏区进行"围剿"的作战中,出动飞机猖狂地对红军和苏区的重要目标实施侦察、轰炸、扫射。国民党军对中央苏区的第一、第二次"围剿"中,派出第1、第3、第5航空队近30架"柯塞"式和"道格拉斯"式飞机,进入江西苏区侦察、轰炸,并以火力支援地面部队作战。1931年6月下旬至9月中旬,在第三次"围剿"中,增派第4、第7航空队加强与地面部队的配合,并派2架运输机担任运输物资、弹药和人员的任务。中国工农红军缺乏对空掩护,完全是在敌方空中火力威胁下行动,其部队、阵地设施、苏区机关、医院和人民的生命财产,均遭受巨大损失。

1931年9月15日,红军第三次反"围剿"作战取得方石岭战斗的胜利后,红3军军长黄公略在率领部队向东转移途中,在江西省吉安县东固六渡坳遭国民党军飞机袭击,身负重伤,当晚不幸牺牲。黄公略曾任红5军副军长、红6军军长、红3军军长,是一位英勇善战的红军高级指挥员,在红军中有很高的威望。毛泽东曾咏赞:"赣水那边红一角,偏师借重黄公略"。黄公略牺牲后,中华苏维埃共和国临时中央政府决定，在中央苏区设置公略县（由吉安、吉水两县的部分地区合并而成，县苏维埃政府设在东固），并建造公略亭以志纪念。他的牺牲，是红军的极大损失。

此后的反"围剿"作战中，红军又连遭空袭，各部队均被迫以步枪、机枪对低空轰炸扫射的国民党军飞机进行射击。1932年4月初，贺龙领导的湘鄂西苏区红3军在湖北省京山县瓦庙集战斗中，将国民党军第10军10余个团分割包围在瓦庙集和梅家湾地区。国民党军固守村镇，调动地面部队和飞机增援。激战中，红3军用机枪击落国民党军低空侦察扫射的飞机1架。国民党军飞机空袭给红军部队和苏区造成的巨大损失，以及红3军军长黄公略的不幸牺牲，使红军指战员深刻认识到防空问题的迫切和重要；而红军以机枪击落国民党军飞机的这些初步胜利，又启发红军找到了抗击来袭敌机的对策。

1933年3月下旬，红军第四次反"围剿"胜利结束后，国民党军很快准备发动对中央苏区的更大规模的"围剿"，并时常派飞机轰炸中央根据地。根据作战中国民党军多次使用飞机空袭和抛洒毒剂的情况，中央苏区政府和红军总部为加强防空力量，采取了两方面的措施。

一是进行防空动员和准备工作。3月31日，以中华苏维埃共和国临时中央政府劳动和战争委员会的名义，发出《关于粉碎国民党的进攻与防御飞机及毒气的准备的通知》，要求各部队和各村庄做好防空防毒的准备，通知中还附有《防空防毒简易方法》。接着,以中华苏维埃共和国临时中央政府革命军事委员会的名义,于8月19日发出《关于防空防毒的训令》,针对国民党军在"围剿"中派飞机轰炸和施放毒气的作战行动,要求各地各部队组织防空防毒委员会,各部队在作战准备中要构筑防空掩蔽部,设置对空观察哨,规定警报信号,组织对空射击,进行防空演习。

二是组建防空分队,进行防空训练。同年4月,为加强防空分队等特种技术兵分队的训练,为组建特种技术兵分队做准备,工农红军学校在瑞金组建特科营,下辖炮兵连、重机枪连、防空连和装甲连各1个。7月,中央革命军事委员会总参谋长兼红一方面军参谋长刘伯承,命令曾在苏联高级步兵学校学习过防空课程的工农红军学校教员王智涛组建中国工农红军总部防空科(10月17日成立防空处),并任命王智涛为该科科长,负责红军部队的防空教育和防空骨干培训。同时,以驻瑞金武阳围的工农红军学校特科营防空连编为防空训练队,罗华生任队长,王智涛兼任教员。防空训练队组建后,红军总部很快从江西和福建前线一带红军的9个师中抽调9个排、27挺重机枪,从驻瑞金的红军部队中抽调3个排、9挺重机枪,参加防空骨干集训,第1期训练时间为3个月。

没有专用的防空兵器,就由红军兵工厂,把从部队抽调的36挺重机枪配上三脚架,装上瞄准圈和测距配件等,改装成高射机枪。这些重机枪,都是缴获国民党军的汉阳造"三十节"式重机枪,又称为"卅节"式重机枪,是1921年由汉阳兵工厂仿造的美国勃朗宁M1917式重机枪。1921年10月10日,直系

中国"三十节"式 7.92 毫米重机枪

军阀吴佩孚视察汉阳兵工厂，汉阳兵工厂总办杨文恺展示刚仿制成功的 4 挺勃朗宁重机枪。吴佩孚一时兴起，便亲自上阵试验发射。结果显示该枪的性能优异，这让吴佩孚大喜过望。因为当天是民国十年的十月十日（中华民国国庆日），所以将该重机枪命名为"三十节"式重机枪。

M1917 式重机枪由美国著名枪械设计师约翰·摩西·勃朗宁设计，该枪采用了与马克沁重机枪一样的枪管短后坐自动方式。由于其水冷套由黄铜打造，故又被戏称为"老黄牛"。仿制后，该枪发射德式毛瑟子弹，在当时属于相当精良的速射武器。初期月产量只有几挺，后来增加到每月 25 挺。该枪全长 960 毫米，枪身重 15.5 千克，枪架重 23.5 千克，枪管长 610 毫米，口径由 7.92 毫米改为 7.9 毫米，初速 824 米 / 秒，表尺射程 2000 米，射速 500～600 发 / 分，供弹具为帆布弹带,可容弹 250 发,自动方式为枪管短后坐式,冷却方式为水冷。因为制造工艺不精,这种机枪在射击时经常发生故障,加上其脚架不稳,也影响到机枪的命中精度。尽管性能不良,此枪在 20 世纪 30 年代一直是国民党军主要装备的机枪,因此红军在作战中多有缴获。

勃朗宁 M1917 式重机枪

红军兵工厂改装的首挺机枪试射成功后,又陆续改装各部队学员带来的重机枪。这样,边改装武器边训练,半年后学员基本掌握了对空射击操作技术。第 1 期防空训练队结业后,中央红军各部队普遍成立了师、团防空分队。10月，中央革命军事委员会在瑞金武阳围以工农红军学校特科营（营辖炮兵连、防空连、装甲车连、重机枪连各1个）和工兵营合编为红军特科学校，胡国华任校长，张华任政治委员（后为袁血卒），防空骨干培训任务改由红军特科学校防空连负责。1934年1月下旬，蒋介石在镇压了驻福建国民党军第19路军的反蒋事变之后，重新发起对中央苏区的进攻。由于中共临时中央要求红军执行错误的作战方针，中央红军第五次反"围剿"作战受挫，形势紧急，防空训练队学员结业后立即携带改装好的高射机枪返回原部队。当月，中央革命军事委员会以防空训练队的学员为骨干，在警卫营内组建了红军总部防空连（又称总部高射机枪连），由朱出斌任连长，廖冠贤任政治指导员。该连驻守在瑞金，担负中华苏维埃共和国临时中央政府和红军总部机关的防空任务。红一方面军的第一、第三、第五、第八、第九和第十军团先后抽调人员、装备，组建了军团直辖的防空排。红二方面军和红四方面军各部队均抽调人员专门进行了防空射击技术培训，组建了防空分队。从此，中国工农红军防空分队诞生，使红军具备了抵御国民党军空袭的有效手段。

长征建功——红军防空分队的光辉战绩

土地革命战争期间，国民党军在对中央苏区的5次"围剿"中，共出动飞机4170余架次，对中央苏区频繁进行侦察、空袭。其中，在1933年2月上旬至3月下旬的第四次"围剿"中，国民党军第3、第4航空队以南昌为基地出动18架侦察机和轰炸机，侦察红军主力位置，轰炸苏区中心区，配合地面部队寻求与红军主力决战。5月，国民党军在对江西中央苏区进行第五次"围剿"中，以5个航空队配置于南昌、临川、南城等地，出动51架飞机参战。另外，令广东6个航空队54架飞机协助作战，使参加第五次"围剿"作战的飞机达105架。红军在第五次反"围剿"作战期间，组建防空分队并抽调骨干进行防空射击技术培训之后，红军各部队普遍掌握了对空作战手段。从此，国民党军飞机低空侦察、轰炸、扫射等行动，受到了红军防空火力的顽强抗击，已不敢再像以往那样在红军行军纵队和阵地上空肆意低飞盘旋。红军防空分队多次对来袭的国民党军飞机射击，并相继取得战果。

1933年11月至1934年9月，红四方面军在川陕苏区反六路围攻作战中，防空分队以机枪击落国民党军飞机1架。1934年9月3日，红一方面军防空分队在江西省泰和县老营盘以南地区，对来袭的1架国民党军飞机射击，击中机身和机翼。该机向北飞至吉安附近坠落，飞行员腹部受伤坠地后被俘。9月5日，红六军团作为中央红军长征的先遣队，为掩护中央红军实施战略转移并牵制江西境内的国民党军，在广西全县西延区（今资源县）大埠头村附近遭遇国民党桂军飞机 AVRO-637（阿芙罗 637 型）侦察机 1 架低空扫射，在敌机第三次俯冲下来时，突然遭到地面对空火力密集射击，飞机因油箱中弹起火而坠落在石溪村附近的稻田里。飞行员韦淳杰和沈瀛从着火的飞机中爬出，拼命向县城方向逃命，因负隅顽抗被击毙。在长征之前的 5 次反"围剿"期间，红军各部队防空分队共击落国民党军飞机 7 架，击毙飞行员 13 人。其中，有国民党军飞行分队长张维藩驾驶的飞机 1 架。

1934 年 10 月中旬，中央红军开始长征，各防空排随部实施战略转移。国民党军出动大批飞机日夜侦察、监视红军的行动，频繁袭击红军部队，多次被红军对空射击火力击落。11 月 24 日，红一军团在湖南省道县突破国民党军第四道封锁线，红 2 师第 4 团在西元地区遭到国民党军第 3 航空队从南昌起飞的飞机的轰炸，当即组织学过对空射击技术的机枪射手对来袭的飞机射击，将国民党军第 709 号飞机击落。飞行员谢廷藩、魏德跳伞后被红军俘虏。

1935 年 3 月 18 日，中央红军在三渡赤水后于古蔺水口镇长坝槽（今茅溪镇陈胡屯）休息时，3 架敌机正在上空盘旋，低空侦察，在陈胡屯附近丢下数枚炸弹，火光冲天，将一大片山坡点燃，树林中的马匹受到惊吓，飞奔而出，中央纵队暴露目标遭受攻击。军委警卫营营长杨梅生立即指挥防空机枪连用 4 挺马克沁重机枪临时充当高射机枪，对敌机实施射击。军委警卫营防空机枪连连长叶荫庭毕业于红军大学防空训练队，指挥防空机枪连，巧妙制订射击方案，并亲自操作 1 挺机枪。当敌机飞入目标区域时，4 挺高射机枪连射 85 发子弹，敌机冒起黑烟，碎片四散坠落，伴随着火光坠入茅台镇西侧的平地。另外两架敌机见此情形，慌忙逃窜。红军总政治部主任王稼祥得知消息后，委托总政组织部、宣传部 4 位同志于当晚赶到机枪连宿营地慰问。次日上午，王稼祥在行军途中遇到机枪连，当即停下来，对全连指战员表示祝贺。4 月 5 日，军委机关报《红星》报第 13 期第 2 版报道了红军击落敌机的消息，并配以漫画。文章写道："捷报，本月 18 日，蒋敌黑色大飞机 1 架低空飞至长坝槽，被我警卫营防空排射弹 85 发，击落在茅台附近。"时任机枪连连长的叶荫庭后来回忆："在我军土'高射机枪'的猛烈射击下，随着'轰'的一声巨响，茅台城下闪出一道火光，随即升起一团浓烟。另外两架敌机见势不妙，夹起尾巴，哀鸣着逃走了。"

7 月 17 日，国民党空军第 3 中队副队长朱嘉鸿

马克沁重机枪

和飞行员郭诗东驾驶第 303 号侦察机飞临四川黑水上空，发现了正在行进中的红四方面军后续部队，当即实施俯冲扫射。在进行第二次俯冲扫射时，遭到红军机枪密集火力的射击。敌机尾部被击中，失去平衡在空中摇摆，最后勉强迫降，被红军缴获，两名飞行员在逃跑中被红军击毙。

8月3日，红一方面军主力和红四方面军一部正在毛儿盖地区集结并准备北上，被执行空中巡逻任务的国民党空军第 5 中队长王伯岳驾驶的第 601 号飞机和另外 2 架飞机发现。3 架敌机先后向下俯冲，进行扫射轰炸，红军防空分队则以密集枪弹回击。王伯岳驾驶的第 601 号飞机多处被击中，失去控制撞山，机毁人亡。其余 2 架敌机见势不妙，仓皇逃窜。

11 月上旬，红四方面军转战至四川省西部时，为了打开通往天全、芦山的道路，发起了天（全）芦（山）名（山）雅（安）邛（崃）大（邑）战役。在天（全）芦（山）名（山）雅（安）邛（崃）大（邑）战役中，11 月 7 日在天全附近以机枪击落国民党军飞机 1 架。

红军长征到达陕北后，在 1936 年 11 月中旬的山城堡战役和西路军西征的平（番）大（靖）古（浪）凉（州）战役中，防空分队各击落国民党军飞机 1 架。

红军防空分队在 5 次反"围剿"期间和长征中，都发挥了重要的防空作用，充分显示出军委组建防空分队的伟大意义。这是中国人民解放军防空作战历史的开端，为防空部队建设和作战提供了宝贵经验。中国工农红军总部和各军团直属的防空分队，经受了反"围剿"作战和长征的锻炼，为日后组建防空部队奠定了基础。

以战养战
——中国人民解放军最早装备的高射炮

中国人民解放军高射炮兵部队是在解放战争时期开始逐渐组建起来的。1945年11月,在东北本溪湖组建了辽东军区高射炮大队。1946年5月,在东北牡丹江组建了延安炮兵学校高射炮大队(又称东北民主联军高炮大队)。1947年7月,以东北民主联军高射炮大队为基础,组建了高射炮兵第1团。1948年4月,以辽东军区高射炮大队发展起来的辽东军区炮兵团一部为基础,组建了高射炮兵第2团。到1949年5月,全军共组建了8个高炮团。五大野战军中,第一野战军组建了高射炮兵营,第二、第三、第四野战军和华北野战军都组建了高射炮兵团。这些高射炮兵部队装备的高射武器,都是中国人民解放军在战斗中缴获和搜集的。在解放战争中,中国人民解放军共缴获高射炮222门,高射机枪249挺。中国人民解放军用这些高射武器、器材、弹药、零件,经过检修、装配变成可用装备,用于武装自己。从此,中国人民解放军高射炮兵部队从无到有,逐步发展壮大。

这些高射炮兵部队的主要武器装备有日本八八式75毫米高射炮、美式40毫米高射炮、德式37毫米高射炮、德式20毫米高射炮、德式12.7毫米高射机枪。装备数量最多的是日本八八式75毫米高射炮、20毫米高射炮和12.7毫米高射机抢。例如,1948年12月在沈阳组建的高射炮兵第3团,装备日本八八式75毫米高射炮38门、12.7毫米高射机枪2挺。华北高射炮兵团（中央军委命名为高射炮兵第 6 团）成立时，装备 75 毫米高射炮 18 门、37 毫米高射炮 18 门、40 毫米高射炮 4 门、20 毫米高射炮 6 门、高射机枪 24 挺，其中包括和平改编的傅作义将军代管的原国民党军政部直属高射炮兵第 3 团的 75 毫米高射炮 8 门、37 毫米高射炮 12 门，以及在开封战役中缴获的 4 门 40 毫米高射炮（共缴获 5 门）。

当时装备的几种高射炮的主要性能如下。

（1）日本八八式 75 毫米高射炮，初速 750 米 / 秒，最大射程 14500 米，最大射高 9400 米，有效射高

新中国成立之初，我军高炮部队装备的日本八八式 75 毫米高射炮

6000米，高低射界−3°～＋80°，方向射界360°，用汽车牵引。

（2）美式40毫米高射炮，身管长2400毫米，为口径的60倍，初速880米/秒，最大射程4750米，有效射程2560米，最大射高4660米，有效射高2740米，高低射界−10°～+90°，方向射界360°，发射速度120发/分，用汽车牵引。

（3）德式37毫米高射炮，初速820米/秒，最大射程7500米，最大射高4000米，高低射界−5°～+85°，方向射界360°，发射速度120发/分，放列全重1600千克，用汽车牵引。

（4）德式20毫米高射炮，初速850米/秒，最大射程5600米，最大射高3600米，射速220～300发/分，高低射界−15°～+85°，方向射界360°，全炮重750千克，底部支架为三脚双轮式的用骡马挽曳或驮载，底部支架为旋台双轮式的用车辆牵引。

中国人民解放军最早装备的几种高射炮，曾受到中共中央和中央军委负责人的检阅。1949年3月25日，中共中央和中国人民解放军总部由河北省平山县西柏坡村移驻北平，中央军委毛泽东主席，朱德总司令，刘少奇、周恩来副主席，在北平西郊机场检阅了高射炮兵部队。参加受阅的为高射炮兵第2团和第6团各一部。高射炮兵第1团和第2团另一部在机场附近担负对空掩护任务。1949年10月1日，在天安门举行中华人民共和国开国大典，中国共产党领导人、中华人民共和国领导人、中国人民解放军领导人检阅了陆军和空军。参加受阅的高射炮兵部队为高射炮兵第6

团一部。高射炮兵第 2 团和第 6 团另一部在北京故宫城墙、景山公园等地做好战斗准备，保证开国大典对空安全。

中国人民解放军用缴获的高射炮组建的各高射炮兵部队，经过短期训练后就分别参加了围攻长春、解放太原、攻打天津、解放海南岛等战斗，在保卫北京、上海、武汉、广州、天津等大城市的防空作战中取得巨大战果，锻炼了部队，为中国人民解放军防空部队的建设打下了基础。

现代作战显神威

针锋相对
——飞机曾经的"克星"高射炮

自从飞机出现并用于战场以来,在空袭与反空袭的较量中,高射炮是装备时间最早、装备数量最多、击落飞机最多的防空武器,因此曾被称为飞机的"克星"。

高射炮泛指从地面发射炮弹攻击空中目标的火炮。它的主要任务是对飞机、直升机、飞艇、巡航导弹、无人驾驶飞机、伞降兵等空中目标射击,也可射击坦克、战车、碉堡、火力点等地面目标,还可射击各种舰船,从海上登陆的坦克、两栖自行火炮,以及海军陆战队等水面目标。

高射炮一般由炮身、炮闩、自动装填机构、摇架、反后坐装置、托架、高低机、方向机、平衡机、炮车、自动瞄准具等组成。全自动高射炮还配有随动装置。与其他火炮相比,高射炮射界大(高低射界10°～87°,方向射界360°),发射速度快(现代小口径高射炮理论射速每管每分钟可达500～1000发),瞄准速度快(每秒方向可转动120°,高低可转动85°),炮身长(最长为火炮口径的90倍),初速大(有些高射炮初速可达1200米/秒,有的甚至更大),射击精度高(命中率最高可达20%)。

高射炮的分类方法很多。按火炮口径,高射炮可以分为:小口径高射炮,即口径小于60毫米的高射炮,如20、23、25、30、35、37、40、50、57毫米的高射炮;中口径高射炮,即口径为60～100毫米的高射炮,如75、76、85、88、90、94、100毫米的高射炮；大口径高射炮，即口径在 100 毫米以上的高射炮，如 105、113、120、128、130、133 毫米的高射炮。按火炮威力和重量，高射炮可以分为轻型、中型、重型，也可分为轻型和重型，还可分为轻型、中型、重型和超重型。轻型高射炮一般指小口径高射炮，主要装备在团级、师级防空部队中；中型高射炮一般指中口径高射炮，主要装备在军、集团军和要地防空部队中；重型高射炮一般指大口径高射炮，主要装备在大城市和要塞的防空部队中。按运动方式，高射炮可以分为牵引式高射炮（用轮式、履带式车辆牵引运行

中国 74 式 37 毫米双管高射炮

的，早期也有用骡马牵引的高射炮）和自行式高射炮（靠火炮自身的动力运动的高射炮）。按机动性能，高射炮可以分为固定式高射炮（固定在某一地域执行防空作战任务的高射炮）、机动式高射炮（装有活动炮架、炮车，可以用牲畜、机械牵引运动的高射炮）、铁道高射炮（只能沿铁轨运动，用于大城市防空，或用于保障火车、装甲列车对空安全的高射炮）。现代高射炮则通常只分为车辆牵引式和自行式两大类。

高射炮的最大射程和最大射高，因各种高射炮口径和配用弹药不同而异。一般小口径高射炮最大射程为 12000 米，中口径高射炮为 18000 米，大口径高射炮可达 27000 米；最大射高则分别为 8000 米、15000 米和 18000 米。高射炮的有效射程和有效射高，取决于高射炮本身的性能和配套使用的仪器、器材的性能，通常低于最大射程和最大射高的二分之一或更多。例如，中国研制的 57 毫米高射炮，最大射程和最大射高分别为 12000 米和 8800 米，有效射程和有效射高分别为 6000 米和 5000 米；德国"猎豹"35 毫米双管自行高射炮，最大射程和最大射高分别为 12800 米和 6000 米，有效射程和有效射高分别为 6000 米和 3000 米。

高射炮的出现和发展，是随着空袭兵器（主要是飞机）的出现和使用而发展起来的。1900 年，德国制成第一艘飞艇——齐伯林飞艇，并很快装备部队；1909 年，美国陆军装备了第一架军用飞机；1911 年 10 月 23 日，飞机首次在战争中使用，促使一些国家开始研制专用高射炮。第一次世界大战前夕，德国和法国首先研制出高射炮,不久一些其他欧洲国家也研制出专用的高射炮。第一次世界大战中,交战双方军队装备和使用了 40、75、76、105 毫米等口径的高射炮。第一次世界大战后,高射炮和配合高射炮作战的仪器/器材有了很大发展,出现了牵引式高射炮武器系统。第二次世界大战中使用较多的高射炮,小口径的有 20、37、40、50 毫米高射炮,中口径的有 75、76、85、88、90、94 毫米高射炮,大口径的有 120、128、133 毫米高射炮。第二次世界大战后,随着喷气式飞机装备部队,多国又研制出一批新型的高射炮,其性能比交战中使用的高射炮有很大提高。例如,苏联的 57、100、130 毫米高射炮,美国的 75 毫米高射炮,瑞典的 40 毫米高射炮,瑞士的 35 毫米高射炮,其综

Rh202 式 20 毫米双管高射炮

合性能明显比战时装备的高射炮要好。20世纪50年代中期，由于地空导弹的研制成功，并迅速装备部队，大口径高射炮逐步被淘汰，中口径高射炮也停止发展。一些国家在研制地空导弹的同时，着重发展小口径高射炮。20世纪60年代初，美国以地空导弹全部取代了高射炮，可是从一些局部战争特别是朝鲜战争、越南战争的情况看，美国性能先进的飞机被造价低廉、使用方便的高射炮一架一架地击落坠地，飞机和飞行员损失巨大。美军从失利的教训中清醒过来，重整旗鼓，迅速恢复了小口径高射炮的研制工作，在极短的时间内研制出20毫米6管高射炮，并装备美国陆军。从20世纪60年代中期开始，小口径高射炮又重新受到"青睐"。主要口径为20、23、25、30、35、37、40毫米等，有单管、双管、4管、6管之分，有的国家还研制过20毫米12管高射炮。

装备较多或性能较好的自行式高射炮有：苏联的ZSU-23-4式23毫米4管自行高射炮和ZSU-30-2式30毫米双管自行高射炮，美国的M163"火神"20毫米6管自行高射炮和"神枪手"35毫米双管自行高射炮，法国的TA-25式25毫米双管自行高射炮和AMX-30SA式30毫米双管自行高射炮，联邦德国的"野猫"30毫米双管自行高射炮和"猎豹"35毫米双管自行高射炮，瑞士的GDF-CO2、CO3、DO3式35毫米双管自行高射炮，瑞典的"博福斯"40毫米自行高射炮，意大利"西达姆"25毫米4管自行高射炮，瑞典的"奥托"76毫米自行高射炮，日本的87式35毫米双管自行高射炮等。

装备较多或性能较好的牵引式高射炮主要有美国的"火神"M167式20毫米6管高射炮，中国的74式37毫米双管高射炮、87式25毫米双管高射炮和59式57毫米高射炮，德国的MK20Rh202式20毫米双管高射炮，瑞士的GAI-D01式20毫米双管高射炮、GBF-AOB式25毫米双管高射炮和GDF系列35毫米双管高射炮，瑞典"博菲"40毫米高射炮，法国"塔拉斯科"20毫米高射炮，意大利"布雷达"30毫米双管高射炮，希腊"狩猎女神"30毫米双管高射炮等。

这些高射炮与火控系统等构成高射炮武器系统。中小口径高射炮，特别是小口径高射炮，今后仍将是不可或缺的防空武器。

"西达姆"25毫米4管高射炮

广泛装备——百年列装的牵引式高射炮

牵引式高射炮最早出现在第一次世界大战时期,为便于机动,每门高射炮都需要配有炮车。在第二次世界大战之前,高射炮基本上都是用骡马牵引,少量的使用机械牵引。牵引式高射炮主要承担掩护重点区域、城市或要地等固定目标的防空任务,作战时要先完成火炮放列、规正水平和标定方向等一系列的射击准备操作,行军时也要实施一系列的撤收操作。牵引式高射炮通常依托多个预设阵地机动作战,有时也驻守在某一要地附近作战。

现代牵引式高射炮由发射系统、供弹系统、瞄准具、随动系统、瞄准机、平衡机、摇架、托架和炮车等组成。

(1)发射系统由炮口装置、炮管、自动机和反后坐装置等组成。复杂的炮口装置是带有感应线圈的制退器,具有制退、初速测量和为电子引信装定数据等多种功能,其制退器又是反后坐装置的重要组成部分。简单的炮口装置为单纯的制退器或消焰器。炮管是带有螺旋膛线的厚壁管部件,具有承受火药气体高压、赋予弹丸初速与转速的功能。自动机是为火炮装填弹药和抽抛药筒的机构,有后坐式和导气式两种类型,能借助部分火药(或火炮后坐)能量,完成输弹、关闩、击发和抛壳等循环动作,确保高射炮连续发射。反后坐装置(含炮口制退器)是吸收炮身后坐能量,并将后坐部分复进到正常发射位置的反后坐装置,由驻退复进机和炮口制退器等组成。浮动机是一

中国59式57毫米牵引式高射炮

种新型的驻退复进机,能支持高射炮在复进运动中发射。

(2)供弹系统是为火炮自动机储备和供应弹药的机构,具有弹链、弹夹或弹毂等不同供弹方式。复杂的供弹系统由拨弹机、扬弹机、主弹箱和备用弹箱等组成。简单的供弹机构只有弹箱、导弹槽或托弹板。

(3)瞄准具是高射炮用于解算和显示射击提前量的装置,可分为数字化瞄准具、陀螺瞄准具和机械瞄准具3种类型。数字化瞄准具由炮位计算机、数字化瞄准显示器、方位角传感器、射角传感器、炮床倾斜传感器、环境温度传感器、射弹计数传感器、击发电路和电瓶等部件组成,并设有高射炮随动系统和炮口测速与引信装定系统等多种外围设备的功能接口，具有丰富的使用功能。陀螺瞄准具由机械陀螺、陀螺驱动机构、陀螺控制电路、几何光学系统、分划照明光源和电源等组成，射击时需要人工估计目标斜距离，操作较为简单，但功能单一。机械瞄准具由测速装置、计算装置和瞄准镜等组成，射击时需要多人手动装定目标的飞行速度、斜距离、航路角和航向角等多种参数，不仅功能单一，操作也较为烦琐。

（4）随动系统是驱动高射炮不断瞄准目标未来点的闭环控制系统，它能按照炮位计算机（或火控计算机、射击指挥仪）解算的提前方位角、射角和射弹飞

厄利空 GDF35 毫米双管牵引式高射炮

行时间等射击诸元，驱动高射炮对空中目标的未来点实施跟踪和射击，有模拟式与数字式两种类型。

（5）瞄准机是带有操作手轮的机械传动装置，与随动系统连接，用于带动火炮实施方向与高低瞄准，由高低机和方向机两部分组成。

（6）平衡机是带有机械（或充气）弹簧的储能机构，用于补偿高射炮发射系统因重心前移所形成的失衡力矩。

（7）摇架是由板壳和环状零件组合的俯仰机构，用于高射炮完成高低俯仰动作。

（8）托架是由板壳和环状零件组成的回转机构，用于高射炮完成方向回转动作。

（9）炮车是一种高射炮专用的2轮或4轮挂车，由牵引杆、车轮及其悬挂系统、行军战斗变换器、车体、炮脚和刹车系统等组成。牵引杆是牵引车与炮车的连接部件，也是赋予炮车前轮转向的部件。车轮及其悬挂系统是炮车行军的支撑与减震部件，与行军战斗变换器配合，确保高射炮射击时降低重心和行军时有足够的离地高度。车体和炮脚用于支撑和调平高射炮的回转部分，自动化程度较高的高射炮配有液压支撑炮脚，具有自动升降和调平功能，多数高射炮则采用人工操作的杠起螺杆炮脚。刹车系统是控制炮车行驶速度和实现坡道驻车的装置。

在地空导弹出现后的半个多世纪，牵引式高射炮曾走过一段被冷落甚至被撤销的曲折历史。20世纪60年代后期，牵引式高射炮才重新受到重视。但作为低空近程防空武器，牵引式高射炮的口径局限在 20～40 毫米范围内，并朝着高射速和高精度的方向发展。早期生产的牵引式高射炮，多数为带机械瞄准具的手动高射炮；后来研制的自动化程度高的牵引式高射炮，配有炮瞄雷达、带光学测距机的射击指挥仪、模拟随动系统，发射带有触发引信的爆破燃烧弹，靠直接命中毁伤目标。20 世纪末期研制和生产的牵引式高射炮，配有搜索雷达、炮瞄雷达、热像仪（或微光夜视仪）、激光测距机、高射炮兵连指挥计算机和数字随动系统，不仅能发射带有触发引信的爆破燃烧弹，靠直接命中毁伤目标，还能发射带有电子引信的预制破片弹，靠弹丸近炸间接毁伤目标。

牵引式高射炮具有结构简单、成本低廉、维护方便、可大批量生产与装备等特点，成为一种普及型的资深防空武器。随着区域防空作战地位的提高，牵引式高射炮的需求量大幅度增加，并形成新型号研制与旧型号改造并举的局面。牵引式高射炮在实现数字化的同时，也向着轻型化和车载化的方向发展。在实现弹药子母化的同时，发展制导弹药将使牵引式高射炮具备精确打击的能力。

机动灵活——机械化时代的自行高射炮

现代自行高射炮已形成较为完备的武器系统。该系统以高射炮为主体，还包括高射炮火控系统、电源机组安装在车辆底盘上，构成一个整体，形成一个火力单位。全炮靠自身动力运动，能独立完成对空作战任务。它可以在合成军队的行军队形和战斗队形中跟进，实施短停射击和行进中射击，便于在高度紧张、快速多变的战斗环境中不间断地遂行对空掩护任务。

19世纪末，德国科学家齐伯林用蒸汽作动力的飞艇升上天空。1903年，美国莱特兄弟发明的飞机飞上了天空。抱着未来作战对付空中威胁的目的，德国军国主义者急忙于1906年由爱哈尔特公司（现在为莱茵军火公司）生产出安装在汽车底盘上的自行高射炮。该高射炮带有防护装甲，火炮口径为50毫米，身管长为1500毫米，能发射榴弹和榴霰弹。榴弹的初速为572米/秒，榴霰弹的初速为450米/秒。榴弹最大射程为4200米，火炮方向射界为60°，高低射界为-5°～+70°。该高射炮可以跟踪飞艇和飞机运动，在行进间射击。

第一次世界大战时，为便于机动作战，出现了装在汽车底盘上的高射武器。其中，俄国使用了1914年式76毫米车载高射炮，初速为588米/秒，射高达5000米，射程达8000米，射速达10～12发/分，可安装在一辆汽车底盘上，用于对飞机和飞艇射击。第二次世界大战期间，装备坦克、装甲车和汽车的机械化、摩托化部队出现在战场上，为了对这些部队提供对空掩护，可以自主机动行军、射击的自行高射炮应运而生，并迅速大规模装备部队。从此，与车辆底盘构成一体，依靠自身动力进行机动的高射炮，成为重要的近程机动防空武器。

自行高射炮有履带式、轮式和半履带式，大多采用敞开式炮塔，配备光学瞄准具。1944年德国陆军装备的"闪电球"30毫米自行高射炮，是第一门采用封闭式炮塔的自行高射炮，使用轻型坦克底盘，方向射界360°，高低射界-7°～+80°。战后一段时间内，自行高射炮无重大发展。直到20世纪60年代以后，为适应机械化部队和摩托化部队对低空快速飞机、武装直升机作战的需要，苏联、美国、德国、法国、瑞士、瑞典等国家纷纷研制了多个型号的自行高射炮。到了70年代，自行高射炮普遍采用一个底盘上高射炮、雷达、火控计算机组合成三位一体，或者采用一个底盘上高射炮、雷达、光电设备、火控计算机组合成四位一体的结构形式，形成性能更加完备，设备更加齐全，具有初速大、火力猛、反应速度快、自动化程度高、机动能力强等特点的自行高射炮系统。

现代自行高射炮系统大多配有姿态传感器，其瞄准线和射击线相互独立，能自动稳定瞄准线和射击线，对空中目标射击时跟踪设备指向目标未来点，保证在行进间以较高的精度实施射击。自行高射炮一般为多管联装的小口径自动炮，口径多在20～57毫米之间；射速较高，转管炮可达3000发/分；携弹量大，有的携弹量达2100发；既可集中安装在封闭式旋转炮塔的前部，也可以对称地分布在炮塔的两侧。供弹装置可分为有弹链供弹装置和无弹链供弹装置，配用杀伤爆破弹、穿甲弹、预制破片弹等多种弹药，以适应对不同目标射击的需要。性能较好或装备数量较多的现代自行高射炮有：苏联 ZSU-23-4 式 23 毫米 4 管自行高射炮、ZSU-57-2 式 57 毫米双管自行高射炮，美国 M163 式 20 毫米 6 管自行高射炮，法国 AMX-30 式 30 毫米双管自行高射炮，联邦德国"猎豹"35 毫米双管自行高射炮，瑞士 GDF-002/003 式 35 毫米双管自行高射炮，瑞典博福斯"三位一体"40 毫米自行高射炮，日本 87 式 35 毫米双管自行高射炮，英国"神枪手"35 毫米双管自行高射炮，中国 88 式 37 毫米双管自行高射炮等。自行高射炮初速可达 1000 米/秒，有的可达 1200 米/秒。理论发射速度每管为 500～800 发/分，有的可达 1000 发/分。带弹量有的可达 2100 发。行驶速度为 60 千米/小时，

"火神" M163 式 20 毫米 6 管自行高射炮

87式35毫米自行高射炮

有的可达80～90千米/小时。最大行程一般为500千米左右，有的可达1000千米。越野能力强，适于野战条件下使用。乘员一般为3或4人，包括炮长、炮手和驾驶员等。

现代自行高射炮系统设备齐全，探测跟踪装置一般能发现15千米以内的空中目标，并能使高射炮自动跟踪；大多能在全天候条件下，对高度在4000米以下的空中目标实施射击。有的配光学、雷达、光电3种火控系统，多数配有两种火控系统。除跟踪雷达外，有的还装有搜索雷达。光电火控系统包括红外跟踪装置、电视跟踪装置和激光测距机等设备。火控计算机多为机电模拟式和数字式。自行高射炮车体内部装有各种观测、通信设备，大多装有双向稳定装置，以保障高射炮在行进中可以实施有效射击。有的装有自动导航仪、水平测量仪、红外观察仪、红外驾驶仪等，以保障全天时都可以行驶。有的装有发烟设备、灭火设备和"三防"装置。有的车体前后和两侧装有升降装置，用以调平和保障行军、射击时的安全。有的车辆底盘还具有水陆两栖作战性能。

由于机动防空作战的需要和经费原因，自行高射炮仍将得到发展。其发展趋势主要是：研制新型弹药，改进瞄准装置与随动系统的配合，提高射弹初速、毁伤威力、射速和自动炮瞄准精度；采用新材料、新结构，减轻自行高射炮重量；采用新型发动机和新型传动与行进装置，改善机动性能；改进探测跟踪装置和火控系统的信息处理能力，提高射击的自动化水平和射击精度；更多地与地空导弹结合，构成弹炮一体化的自行防空武器系统。

中国 88 式 37 毫米双管自行高射炮

快射连发
——抗击低空高速飞机的高射炮

为了能够击中在空中快速飞行的目标，高射炮必须具有较高的发射速度，还要在短时间内连续跟踪目标并实施射击。因此，第一次世界大战之后研制的中小口径高射炮，广泛采用了与加农炮、榴弹炮等以对地面目标射击为主要任务的火炮不同的结构，装配了能自动完成重新装填和发射、实现连续射击的机构，这种机构称为高射炮自动机，简称为自动机。采用自动机的火炮，称为自动炮。

正是发明了高射炮自动机这个机构，高射炮在射击时才能自动完成击发、收回击针、开锁、开闩、抽筒、抛筒、供弹、输弹、关闩和闭锁等一系列射击循环动作。自动机一般包括炮闩、供弹机、输弹机、发射机构等。按高射炮自动机工作方式，自动发射的高射炮可以分为后坐式、导气式、转膛式、转管式和浮动式。

装备数量最多的是采用后坐式自动机的高射炮。此种高射炮是利用射击时炮身后坐能量带动自动机中部分构件后坐而完成射击循环。根据后坐部件不同，分为炮闩后坐式和炮身后坐式。现代高射炮多采用炮身后坐式自动机。按炮身后坐行程的不同，又分为炮身长后坐自动机和炮身短后坐自动机。例如，瑞典博福斯公司1931年研制成功的M/36 L/60式40毫米高射炮，就是采用炮身短后坐式自动机。该炮性能较好，机构可靠耐用，射速可达120发/分，短短几年就有20多个国家的军队列入装备，十几个国家仿制生产，在世界上生产总量超过10万门。其改进型L/70式，仍采用炮身短后坐式自动机，到20世纪末期，仍有多个国家装备此种高射炮。

现代小口径高射炮，很多是采用导气式自动机。导气式高射炮是利用从炮膛内导出的火药燃气能量完成射击循环。其结构简单，重量较轻，可以通过调整导气孔径的大小来调整射速，单管射速多为500~600发/分。这种自动机在口径为20毫米、23毫米、25毫米、30毫米、35毫米的高射炮上广泛采用。德国的Rh202式20毫米双管高射炮、"猎豹"35毫米自行高射炮，瑞士厄利空GAI-BO1式20毫米高

GDF-005式35毫米双管高射炮

射炮、厄利空 GDF-005 式 35 毫米双管高射炮，意大利"奥托·梅拉拉" 25 毫米 4 管自行高射炮，以及中国 87 式 25 毫米高射炮，都采用这种自动机。

发射速度最高的转管式自动机，是以多个身管回转完成射击循环。这种自动机，与加特林式机枪的自动机原理相同、结构相似，因此又被称为加特林式，旧时曾译为格林式。中国早期引进的小口径高射炮，有的采用这种自动机，被称为格林快炮。采用这种自动机的高射炮一般具有 3～11 个身管，装在一个转动体上，可以绕同一轴线连续转动，每分钟射速多在 1000 发以上。每个身管具有各自的炮闩。每发射一次，身管转动一个位置。一个身管发射，其余身管分别进行装填或抽筒。这类自动机工作时需要依靠外部能源驱动。典型的有 20 世纪 60 年代美国研制的"火神" M167 式 20 毫米 6 管牵引高射炮、M163 式 20 毫米 6 管自行高射炮，理论射速可达 3000 发 / 分。此外，美国在 20 世纪 80 年代还研制了格玛哥（又译作吉麦格）25 毫米 5 管高射炮，同样是采用加特林转管式自动机。

转膛式自动机是以多个弹膛回转完成射击循环的自动机。装有这种自动机的高射炮，炮身由一个身管和多个能旋转的弹膛组成。每发射一次，弹膛转动一个位置。弹膛转动和供弹机构的工作动力，可以利用炮身后坐能量，也可以利用导气装置的能量。由于具有多个弹膛，因此自动机各机构的工作可以重叠，即一个弹膛进行发射，另外几个弹膛可以进行输弹或抽筒。采用这种自动机的高射炮射速较高。

浮动式自动机亦称为"前冲式自动机",是在高射炮后坐部分(或浮动部分)复进运动过程中进行击发。按浮动部分的不同,可分为炮身浮动式、炮箱浮动式和炮闩浮动式。该自动机的工作原理可以是炮身短后坐式、导气式、转管式或转膛式。小口径高射炮浮动式自动机多采用导气式工作原理。采用浮动式自动机的高射炮,击发后部分火药燃气对后坐部分的冲量被复进动量所抵消,使炮架受力大幅度减少;在后坐阻力一定的情况下,可以显著地减少后坐长度,使射击循环时间缩短,理论射速得以提高;由于利用发射时后坐的能量进行复进制动,从而避免复进到位时的撞击,使炮身受力方向始终保持向后不变,减小了发射时炮身的振动,有利于提高射击密集度。采用这种自动机的高射炮,结构较为复杂,口径较大的浮动式高射炮,在首发射击前,其后坐部分需要炮手向后拉,才能达到待发射状态。瑞士25毫米自动炮和35毫米高射炮就采用过浮动式自动机。

转膛式自动机

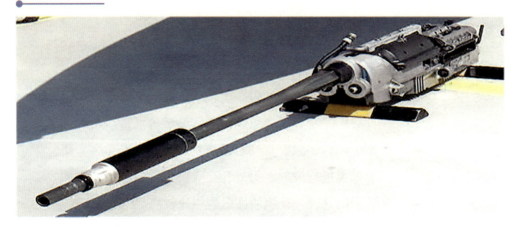

火力旋风——射速超快的小口径高射炮

为抗击敌方飞机和巡航导弹的低空突袭，并且能伴随坦克和摩托化部队行军实施跟进掩护，20世纪60年代，多国开始研制高射速的小口径多管高射炮。早期的型号是双管，后来为提高发射速度，相继研制出4管、5管、6管，最多达到12管的高射炮。口径多为20毫米、23毫米和25毫米，也有30毫米、35毫米口径，但口径稍大的射速稍低，且以双管的居多。早期采用车辆牵引，新研制的多为自行式，有的可以空运。由于性能可靠、发射速度快、火力猛，结构紧凑、重量较轻，有的选配改装为舰载防空反导武器。

ZSU-23-4式23毫米4管自行高射炮，是20世纪60年代初苏联开始研制的23毫米自行高射炮，60年代中期装备苏联陆军，主要用于跟进掩护行进纵队，掩护车站、地空导弹阵地等重要点状目标。该炮采用23毫米导气式自动炮，4管分上下两组对称布置在炮塔前半部的中间部位。火控系统包括炮瞄雷达、光学瞄准装置、机电模拟式计算机、瞄准线和射击线稳定装置等。配用与ZSU-23-2式23毫米高射炮相同的弹药。初速970米/秒，最大射程7000米，有效射程2500米，最大射高5100米，有效射高1500米，方向射界360°，高低射界-4°～+85°，理论射速4×1000发/分，战斗射速4×200发/分，系统反应时间14秒，行军战斗转换时间5秒，最大时速44千米，最大行程450千米，战斗全重19000千克，乘员

ZSU-23-4 式 23 毫米 4 管自行高射炮

4 人。该炮列装后多次进行改进，至少有 9 种改型。除装备苏军外，还装备华沙条约国家和古巴、越南、印度、伊拉克、伊朗、阿尔及利亚、阿富汗、埃及、朝鲜、叙利亚、也门等近 30 个国家，捷克进行了仿制生产。80 年代，逐步被"通古斯卡"弹炮结合防空系统所取代。

"火神" 20 毫米 6 管高射炮，是美国陆军于 1964 年为防御低空目标急需而研制的一种过渡性防空武器。该炮由 M61A1 式航空炮演变而成，取代 M42 式 40 毫米双管自行高射炮，主要用于掩护前方地域各部队，除对付敌低空来袭飞机外，还可用于攻击亚声速巡航导弹。该炮有牵引式和自行式两种。牵引式型号为 Ml67 和 M167A1，1969 年装备美国陆军空降师和空中机动师,采用两轮炮架,由 M715 或 561 卡车牵引或由直升机吊运。牵引式还有 4 轮炮架式、轻便式、轮式装甲车载式和产品改进型等几种改型。自行式型号为 M163,1968 年装备美国陆军机械化步兵师和装甲师,采用 M741 式履带装甲车底盘,有三防能力,能两栖作战。该炮配用 AN/WPS-2 式测距雷达、M61 式陀螺稳定提前量计算瞄准具和微光瞄准镜,火控计算机为机电模拟式,可夜间作战;配用曳光穿甲弹、燃烧榴弹、曳光燃烧榴弹和脱壳穿甲弹,初速 1030 米/秒,最大射程 4500 米,有效射程 1650 米,有效射高 900 米,方向射界 360°,高低射界 -5°～+80°,理论射速 3000 发/分;牵引式战斗全重 1565 千克,自行式战斗全重 12310 千克。该炮可与"毒刺"便携式地空导弹结合,构成弹炮结合防空武器系统。除装备美国陆军外,还出口比利时、以色列、韩国、沙特阿拉伯、泰国、菲律宾等国家。

"格玛哥"-25 式 25 毫米高射炮,是美国通用电气公司于 20 世纪 80 年代自行投资开发的 25 毫米牵引式高射炮。具有全天候作战能力,用于射击低空目标和地面轻型装甲目标。采用与 GAV-12/U 式 25 毫米航空炮(5 管)相同的自动炮。以转管方式工作,双路弹链供弹。基本型配用带数字处理机的光学瞄准具,改进型炮加装前视红外装置、激光测距仪和雷达。配用曳光燃烧榴弹、脱壳穿甲弹、全膛穿甲弹和次口径弹药。初速 1097 米/秒,有效射程 1100 米,方向射界 360°,高低射界 -5°～+80°,射速 1000 发/分或 1200 发/分,战斗全重 1814 千克。该炮口径比"火神"20毫米6管高射炮口径大，射程和威力提高，但全系统的体积和重量增加不多，仍保持良好的机动性和可空运的优点。该炮已与4联装"毒刺"便携式地空导弹结合，构成"格玛哥"-25式弹炮结合防空武器系统。

"梅罗卡"20毫米12管高射炮，是西班牙特种材料技术研究公司于20世纪70年代中期开始研制的20毫米多管高射炮，有陆用和舰用两种类型。1985年研制出陆用20毫米12管联装的样炮，主要用于射击低空目标。采用瑞士厄利空KAB-001式20毫米自动炮，12根炮管分上下两排，由两条钢带固定成一个整体，通过调整钢带可改变弹丸的散布，一次发射的12发炮弹分4组进行。靠炮床上的电动机提供的动力，进行方向转动、高低俯仰和供弹。火控设备包括电视摄像机、激光测距仪、电子计算机、伺服电动控制器和控制面板等。配用燃烧榴弹和脱壳穿甲弹，初速1200米/秒，有效射程3000米，方向射界360°，高低射界-5°～+85°，理论射速9000发/分，战斗射速1440发/分，战斗全重5000千克，采用4轮炮车，卡车牵引，从解脱牵引钩到完成射击准备时间在2分钟以内。

"西达姆"25毫米4管自行高射炮，亦称为"奥托·梅拉拉"25毫米4管自行高射炮，是意大利因为经费原因，放弃采购德国"猎豹"自行高射炮计划，由本国奥托·梅拉拉公司于1979年开始研制的25毫米4管履带式自行高射炮，1987年下半年开始生产，1989年装备意大利陆军，主要用于对付低空、超低空飞行的飞机和武装直升机,也可用于射击地面轻型装甲目标。该炮由 KBA-B02 式 25 毫米自动炮、炮塔、火控系统和 M113 式履带装甲车底盘组成。火控系统包括昼夜光电瞄准装置、火控计算机、敌我识别器、稳定装置、控制台、目标报警显示器和伺服系统。配用曳光燃烧榴弹、曳光穿甲燃烧榴弹和曳光脱壳穿甲弹,燃烧榴弹初速 1100 米/秒、脱壳穿甲弹初速 1335 米/秒,有效射程 1500 米,有效射高 1000 米,方向射界 360°,高低射界 -5°～+87°,射速 4×500 发/分,系统反应时间 6 秒。弹药携带量 630 发,最大时速 64 千米,最大行程 321 千米,战斗全重 12500 千克,乘员 3 人。

"西达姆" 25 毫米 4 管自行高射炮

单人射击——第一种操作自动化的高射炮

哪怕在地空导弹盛行的今天，高射炮仍旧是近距离和较小空域范围防空不可或缺的利器。有一款高射炮自第二次世界大战末研制成功，至今仍在全球各地发挥着重要作用，俄罗斯防空部队也一直没有将其退役，甚至推陈出新，不断对其进行改进。这就是S-60式57毫米高射炮。但是，这款高射炮使用的却是70多年前的德国和瑞典等国的技术。这是怎么一回事呢？

第二次世界大战中后期，德军面临巨大的防空压力，加紧研制新型高射炮及其配套装备，很快在防空武器技术方面占据了优势。在发展中小口径高射炮技术方面，德军发现，原有的20毫米和37毫米高射炮在威力和射程上已经难以应对敌军的新式飞机，遂开始研发一款全新的中口径自动高射炮。

1944年，德国研发出了全新的55毫米高射炮。经过试验，其毁伤能力和射程都远远超过37毫米高射炮，而且可由火控雷达引导实施集群射击，命中率成倍提高。而比起更大口径的88毫米、105毫米高射炮，55毫米高射炮可以连发射击，火力密度更强。德军原计划先将其用于护卫舰的全封闭防空炮塔，再装备陆军部队。德军在1945年基于"黑豹"式坦克底盘研发的"哥伦"式自行高射炮，正是采用了这款高射炮的技术。但其未能投入战场，德国就战败了。占领了德国本土的苏军接收了德国的高射炮厂，缴获了55毫米高射炮的样品、零件和全套资料，还俘虏了一批德国火炮工程师和技术员。苏方进行测试后，对 55 毫米高射炮的性能十分满意，决定对其进行改装后作为下一代制式高射炮使用。

苏军把 55 毫米高射炮的口径改为了自己常用的 57 毫米，又以 M1943 式 57 毫米反坦克炮为基础，对结构上的一些细节进行了简化，更换了轮架、火控雷达和瞄准装置，其他系统也换成了与新型号技术指标相适应的部件。改进后，全部射击过程均利用后坐能量完成，弹道性能很好，射击时稳定性强，这就诞生了著名的 S-60 式全自动高射炮。从 1950 年起，这款全自动的高射炮广泛装备苏军，用以取代 M1937 式 37 毫米单管高射炮。除用于防空外，还用于对付中型、轻型坦克和装甲车等地面目标，必要时也可对水面目标射击。该炮配有指挥仪和炮瞄雷达，有电力驱动和手动两种操作方式，装填、瞄准、发射和抛壳等射击过程全部利用后坐能量自动完成。装有细长的单个身管和纵动螺式炮闩，配用两个平衡机。复进机为弹簧式，制退机为液压式。采用可折叠的十字形炮架和 4 轮炮车。火控系统包括炮瞄雷达、射击指挥仪和机械自动瞄准具。配用曳光爆破弹和曳光被帽穿甲弹。初速 1000 米/秒，最大射程 12000 米，有效射程 6000 米，有效射高 5000 米，方向射界 360°，高低射界 $-2°\sim +87°$，战斗射速 70 发/分，战斗全重 4500 千克，采用卡车牵引。该炮除装备苏军高射炮兵部队外，还出口到民主德国、捷克、古巴、南斯拉夫、越南、阿富汗、印度尼西亚、利比亚、摩洛哥、索马里和朝鲜等 30 多个国家。在苏军装备系列中，逐步被

S-60式57毫米高射炮

萨姆-8地空导弹取代。

20世纪50年代初,在S-60式57毫米高射炮的基础上,苏联采用T-54坦克底盘,研制出ZSU-57-2式57毫米双管自行高射炮,装备苏军坦克师和摩托化步兵师属高射炮兵团,60年代一直是华沙条约国家陆军的制式装备。之后,改进成S-68式57毫米双管自行高射炮。90年代,57毫米自行式双管高射炮逐步被ZSU-23-4式23毫米4管自行高射炮取代。

此外,在中东战争、海湾战争和一系列地区冲突中，仍可看到 57 毫米高射炮的影子。至 21 世纪，57 毫米高射炮的威力在高射炮中依然不显得落后。近年来，俄军更是将 57 毫米高射炮进行改进，作为新一代步兵战车、火力支援车和无人武器站的武器，甚至用作海军舰艇的防空速射火炮。其最大射速 200 发 / 分，在配用新式穿甲弹后，57 毫米舰炮可在 5000 米距离上击毁武装直升机，在 1000 米距离上击穿 150 毫米的钢板。这足以毁伤步兵战车和轻型坦克、旧式中型坦克，并威胁新式主战坦克的侧后部装甲。

ZSU-23-4 式 23 毫米 4 管自行高射炮

高炮之王——口径超大的高射炮

在第二次世界大战期间，重型轰炸机高空投弹的空袭，成为一种非常具有威慑力的作战行动。当时，只有大口径高射炮才能拦击高空来袭的重型轰炸机。大口径高射炮作为抗击重型轰炸机唯一有效的防空武器，受到交战各国的重视并得到优先发展。但因为技术复杂和过于笨重，在此期间研制的口径在 100 毫米以上的大口径高射炮，多数没有达到军方的要求。只有寥寥数种，装备到作战部队。其中，具有代表性的是纳粹德国研制的 Flak40 式 128 毫米大口径高射炮和美国研制的 M1 式 120 毫米高射炮。战后，苏联研制出 KS-30 式 130 毫米大口径高射炮。

1936 年，德国莱茵金属公司开始研制 128 毫米的重型高射炮。1937 年末，样炮制成，测试结果令人满意，初速高于 37 毫米高射炮，这对于打击高速飞行目标十分有利。之后定型为 Flak40 式 128 毫米高射炮，莱茵金属公司当即开始生产。这是继 88 毫米、105 毫米重型高射炮之后，德国研制的又一款重型高射炮，是当时口径最大的防空武器。

1938 年，配有简化底座的 Flak40 式 128 毫米高射炮开始正式部署。这种炮固定安装在炮垒中实施射击，不能移动炮位。1940 年，为了提高火力密度，汉诺威机械工程公司将两门 Flak40 式高射炮并联在一起，重新设计了炮架和底座等机构，由此诞生了一种火力极其凶悍的防空怪兽——双联 Flak40 式 128 毫米高射炮。它可以固定在稳固的混凝土基座上，整门炮重达 26.5 吨，每次射击都要向地面传导巨大的后坐力。对空射击时，只需控制 16 枚炮弹统一射出，就可以在空中形成一个边长 240 米的正方体弹幕，相当可观。

当时一辆 F2 坦克造价约 10.35 万帝国马克，一辆"黑豹"坦克造价约 40 万帝国马克。Flak40 式 128 毫米高射炮造价却达到 20.2 万帝国马克，相比之下，显得太过昂贵。由于造价高昂，且不具备机动作战能力，因此军方在生产了 6 门拖曳式 Flak40 式高射炮之后，只得考虑将其用于要地防空。

1942 年，德国口径大于 105 毫米的拖曳式高射炮全部停产。现有的 128 毫米高射炮大多装备给重型高射炮营，部署在坚固的掩体里，包括堡垒式防空塔、潜艇洞库和海岸炮炮台。截至 1945 年 1 月该炮停产，128 毫米高射炮一共生产了 450 门，其中有 34 门是双联装型。双联装的 Flak40 式高射炮基本都装备在柏林、汉堡、维也纳的 8 座防空塔上，每座防空塔顶都有 4 门。还有 4 门改进型 128 毫米高射炮，装备驻守东普鲁士的第 219 防空营第 3 连和第 818 防空营第 5 连。此外，约有 200 门单管型被安装在列车上，用于掩护铁路。

Flak40 式 128 毫米高射炮在第二次世界大战时是十分先进的防空利器，其旋转、俯仰、装填等动作均有电动装置助力。其数据传输系统和 M40 指挥仪连在一起，通过这套装置，指挥人员可以向各炮提供射击诸元。操作一门双联装型 128 毫米高射炮需要 22 人,操作一门单管型要 10 人以上。单管型全重 17 吨,双联装型全重 26.5 吨。单管型不带轮架长 7.84

Flak40 式 128 毫米高射炮

Flak40式128毫米高射炮

米，炮身俯仰范围-3°～+88°，回旋范围360°。身管长61倍口径，配用高爆弹、穿甲弹，单枚高爆弹重25.86千克。单管射速10～12发/分。初速879米/秒，射高11582米，射程20900米。采用液压复进装置，横楔式炮闩。

日本军队在第二次世界大战期间，研制和装备过大正十四年式105毫米高射炮、三式120毫米高射炮和五式150毫米高射炮。其中，大正十四年式105毫米高射炮于 1943 年装备日军，该炮初速 700 米/秒，射程 16300 米，射高 10500 米，高低射界 0°～+85°，方向射界 360°，全重 5194 千克；三式 120 毫米高射炮于 1943 年装备日军，共生产 120 门，该炮初速 853 米/秒，射高 14000 米，高低射界 +8°～+90°，全重 19808 千克；五式 150 毫米高射炮配有自动装弹机，发射速度高，射击精度较好，是第二次世界大战中口径和威力最大的高射炮。该炮只制造出 2 门，部署在东京，安装在混凝土高射炮工事中。美军 B-29 战略轰炸机编队空袭东京时，该炮仅发射 1 发炮弹，击伤 3 架飞行高度 9800 米的轰炸机。此后，B-29 轰炸机群航线避开五式高射炮阵地，该炮就再也没有开火射击的机会。

1938 年 6 月，为对付航速越来越快、飞行高度越来越高的轰炸机，美国开始研制 90 毫米高射炮，1940 年初定名为 M1 式 90 毫米高射炮，并装备美军。与此同时，美军还提出另一种方案，即研制口径为 119.4 毫米的高射炮，定名为 M1 式 120 毫米高射炮，并装备美军。美国在正式参战前就开始部署该炮，在第二次世界大战期间，该炮属于性能先进的高射炮，射击高度让其他同类火炮"望尘莫及"，甚至远超当时飞机的实用升限，因此该炮得到了"平流层大炮"的绰号，名噪西方世界。后又改制成 M1A1 式、M1A2 式、M1A3 式 3 种型号，用于要地防空，射击中高空和高空目标。该炮初速 945 米/秒，最大射程 25800 米，最大射高 14400 米，方向射界 360°，高低射界 -5°～+80°，射速 10～12 发/分。使用 38

吨牵引车或拖拉机牵引，行军全重31000千克，战斗全重21200千克。采用立楔式炮闩，十字形炮架，配用M33高炮射击指挥仪和目标指示雷达、炮瞄雷达。发射分装式弹药，全弹重45千克，弹头有破片弹和榴弹两种，重约50磅（约22.7千克）。

M1式120毫米高射炮性能虽好，但也足够笨重，装在8轮式炮架上重约31吨，只能用重型拖车以5～20英里的时速拖行。操作这门火炮需要13人，其中包括1名军官、1名枪炮指挥官、1名炮兵中士、1名弹药中士，以及另外7名炮手和车辆驾驶员。

通常情况下将4门M1式120毫米高射炮集中部署，以形成一定火力密度的防空区域，由SCR-268雷达系统判断敌机方位，再控制大功率探照灯照射目标。在SCR-268雷达系统捕获目标后，操作人员通过三角测量法计算出来袭飞机的具体数据，再推算出高射炮射击参数。虽然这套设备在今天看来沉重且操作烦琐，但在当时却是实实在在的"黑科技"。

M1式120毫米高射炮虽然在第二次世界大战中服役，但却从来没有真正走上一线去战斗，因为前线敌军没有战略轰炸机部队，使用90毫米高射炮就足以应对高空轰炸机。该炮整个系统庞大复杂，机动性差，太笨重，在太平洋战役的跳岛战术中根本用不上，在海上运送31吨的火炮也实在困难。大战后，该炮用于朝鲜战争，并对一部分螺旋桨飞机造成了杀伤，不过在面对喷气式飞机时反应迟钝，20世纪 50 年代末期被"奈基"地空导弹取代。在它 10 多年的服役生涯中没有表现出什么亮点，总共生产了约 550 门。

第二次世界大战中，苏联在柏林战役期间缴获了德军部分 Flak40 式 128 毫米大口径高射炮。该炮射高将近 1.5 万米，被认为是德军技术水平最高的大口径高射炮，能威胁到当时所有大型轰炸机。大战结束后，苏联在德国 Flak40 式 128 毫米高射炮的基础上，开始研发 KS-30 式 130 毫米高射炮，用于国土防空。1947 年，130 毫米高射炮立项，1949 年 12 月制造出 4 门样炮。1953 年，再次进行较大改进，定型后 1954 年生产了 24 门并装备部队，之后的 3 年里生产约 1000 门，1957 年 12 月停产。

在 KS-30 式 130 毫米高射炮的研制取得初步成果时，一种基于该炮技术发展而来的 152 毫米高射炮也在研制中，这就是 KM-52 式 152 毫米高射炮。它的设计方案是使用火箭助推式炮弹，以提高有效射高。不过，在 1957 年完成初步设计后，苏联高层已经意识到大口径高射炮的局限性，研制工作终止。

在地空导弹问世后的很长一段时间里，大口径高射炮失去了往日的威风，似乎快要退出历史舞台了。近年来，西方军事强国重新对 76 毫米、85 毫米等中口径高射炮和 127 毫米大口径高射炮产生了兴趣。他们认为，口径大的高射炮弹如果采用新型战斗部和引信，那么单发炮弹的毁伤效能远远超过小口径高射炮弹,再配以先进的侦察设备和火控系统,大中口径高射炮仍然是一件效费比颇佳的防空武器。

127毫米舰载高射炮

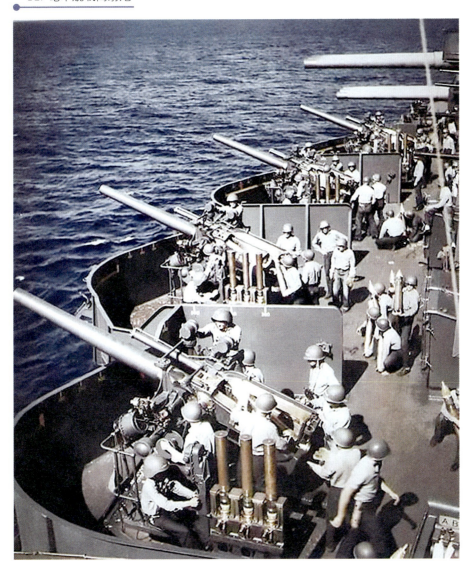

科技进步促防空

紧咬不放——高射炮怎样跟踪目标

在对空射击时，飞机、巡航导弹等目标高速机动，高射炮和地空导弹等防空武器的侦察与瞄准设备，必须始终跟踪目标，才可能击中目标。那么，防空武器系统是怎样跟踪瞄准目标的？下面以高射炮系统为例来介绍这方面的知识。

在自行高射炮系统中，自动跟踪瞄准目标的关键，是靠自行高射炮的稳定系统。自行高射炮稳定系统能自动保持自行高射炮的炮身轴线稳定瞄准目标，使炮身瞄准线不受车体震动的影响。这种系统按其结构可分为双向稳定系统和瞄准线独立稳定系统。双向稳定系统瞄准线的稳定精度与高射炮的稳定精度相同，行进间无法实现精确跟踪与瞄准。瞄准线独立稳定系统具有独立的瞄准线稳定装置，高射炮随动于稳定的瞄准线，可实现高射炮行进间精确射击。

牵引式高射炮火控系统按照侦察系统传来的目标信息在捕捉到目标后，向随动系统发出指令，控制瞄准装置跟踪瞄准目标，驱动高射炮射击。因此，随动系统是高射炮火控系统的重要组成部分，是实现高射炮炮身与射击诸元计算装置同步联动的反馈控制装置，是不断地向目标提前位置实施跟踪瞄准的关键部件。因此，这里要重点介绍一下高射炮随动系统。

高射炮随动系统通常分为模拟随动系统和数字随动系统两类，早期高射炮以模拟随动系统居多，现代高射炮广泛采用数字随动系统。模拟随动系统有电气随动系统和电气－液压随动系统两种。其中，电气随

高射炮打飞机想象图

动系统中参与控制的全部元件为电气元件；电气－液压随动系统中起控制作用的元件既有电气元件，又有液压元件。

模拟随动系统的方位角随动装置和射角随动装置通常由测量部件、放大部件、执行部件和辅助装置组成。对于配有高射炮射击指挥仪的火炮，其随动系统的测量部件包括安装在指挥仪上的发送机（传信仪）

和安装在高射炮上的接收机（受信仪）。自动跟踪时，射击指挥仪计算出的高射炮提前方位角和射角，通过传信仪以电压的形式传给受信仪，受信仪内便有了射击指挥仪计算的射击诸元位置信息；高射炮身管的实际位置通过受信仪与瞄准机的机械连接传到受信仪内。受信仪将两个位置加以比较，如果高射炮身管的实际位置与射击指挥仪计算的射击诸元位置不一致，则产生失调角，受信仪内也随之产生与失调角相应的控制电压。这个电压经放大部件放大后，控制执行部件的转速和转向。执行部件驱动高射炮转动，同时也将高射炮身管的实际位置传给受信仪，以减小失调角。随着失调角的减小，控制电压也减小，当失调角和控制电压均为零时，就实现了高射炮与射击指挥仪同步。射击指挥仪不断地跟踪空中目标，计算射击诸元，通过随动系统将射击诸元不断传给高射炮，使高射炮不断地向空中目标提前位置瞄准。在模拟随动系统中，引信随动装置的核心是引信受信仪。它接收射击指挥仪传来的时间引信信号，将信号变成机械量，并传给高射炮引信测合机，由引信测合机自动装定炮弹时间引信的引爆时间。

　　在随动系统中，有一个或几个环节以数字量控制的称为数字随动系统。数字随动系统亦称为"离散控制系统"，可分为两类：一类是数模混合式随动系统，其信号控制部分是数字元件，功率放大与驱动部分是模拟元件；另一类是全数字式随动系统，整个系统全由数字式元件组成。数字随动系统的核心部件是方位角随动装置和射角随动装置，这两个装置均由控制计算机及其接口、功率放大器、执行部件和轴角编码装置组成，在自动跟踪时，两个装置分周期地进行控制。在每个周期内，控制计算机对输入信号 θ_i 和轴角编码装置的输出信号 θ_0（反馈信号）做多次采样，按给定的控制算法，计算出本采样周期的控制量；经 D/A 转换（数模转换）后成为模拟信号，再经功率放大器（PWM）放大后驱动执行部件，控制高射炮不断向空中目标提前位置瞄准。与模拟随动系统相比，数字随动系统稳定性好，体积小，精度高，用微型计算机进行校正，可大大提高系统的动态性能指标；缺点是结构较复杂，成本较高。随着控制理论和计算机技术及元器件技术的迅速发展，数字随动系统将成为高射炮和地空导弹随动系统的主流，防空武器跟踪瞄准目标的速度更快，精度更高。

相机开火——高射炮兵是如何射击的

高射炮兵射击是高射炮兵完成战斗任务的基本手段，包括使用高射炮、高射机枪等武器摧毁和杀伤目标的一切有关行动，因此必须在指挥员的统一指挥下，操作武器、仪器、器材的全体人员协调一致地完成。

高射炮兵指挥员指挥射击的方式，可以分为集中指挥和分散指挥两种方式。集中指挥是由高射炮兵部队指挥员统一选择射击目标，区分火力；分散指挥是在上级统一意图下，高射炮兵分队指挥员自行选择目标指挥射击。通常目标距离较远时实施室内指挥，随着目标距离的缩小，适时转为阵地上的临空指挥。高射炮兵连、营以临空指挥为主，高射炮兵团、旅或群以室内指挥为主。

高射炮兵部队对空中目标射击时，通常用搜索跟踪装置进行搜索、发现和跟踪目标，连续测定目标坐标；通过防空作战指挥系统或射击指挥仪等计算装置，计算出提前方位角、射角和时间引信值等高射炮射击诸元，并将射击诸元连续赋予高射炮，使身管连续指向目标提前位置；高射炮按指令发射，使弹丸直接命中目标或在目标附近爆炸以破片毁伤目标。整个射击过程，一般包括射击准备和射击实施两个阶段。

在射击准备阶段，高射炮兵指挥员及其指挥机关根据敌情、任务和本部队、分队的具体情况，按先主后次、逐步完善的要求，开设指挥所，组织对空侦察和通信联络，组织战勤值班和建立战备制度，拟制和

高射炮打飞机

　　下发射击指示或射击预案，做好测地、弹道和气象保障，做好自动化指挥系统等各项准备工作。

　　在射击实施阶段，根据上级指示，空袭兵器来袭的批次和架次、进入方向、高度、威胁程度和间隔时间，高射炮兵火力单位数量、各种防空武器性能，以及战斗队形配置等情况，命令部队进入一等战备；及时组织搜捕与指示目标，分析判断情况，优化火力分配方案，定下射击决心，选择射击方法，下达射击任务；准确掌握开火时机，认真组织射弹观察，实施射击校正；根据敌机来袭方向、数量和目标飞行高度、威胁程度，适时组织火力转移。射击结束后，监控和评估射击效果，统计射击结果，解除一等战备，调整补充人员、装备，做好再战准备。

根据敌情和己方兵力、装备等情况，高射炮兵射击可以灵活选择射击方法。以射击理论为指导，根据不同的射击对象，结合对抗决策及作战训练的实践经验等制定射击方法，包括对各种目标实施射击所应采取的指挥程式、手段和射击规则等。具体方法如下。

（1）高射炮兵集火射击，是集中数个火力单位，对同一目标进行射击，目的是增强火力密度，增大毁歼概率。集火射击是火力运用的基本方法。牵引式高射炮通常以营为集火单位，自行高射炮通常以连或排为集火单位。分为提前位置集火、现在位置集火和相继集火。各火力单位对同一目标的提前位置相继开始射击，首批射弹的弹迹或炸点同时出现在目标附近，称为提前位置集火；目标在某一位置的瞬间，各火力单位对该位置同时开始射击，首批射弹的弹迹或炸点相继出现在目标附近，称为现在位置集火；在对同一目标射击时，某火力单位开火后，其他火力单位主动相继开火，首批射弹的弹迹或炸点相继出现在目标附近，称为相继集火（亦称为主动集火）。如果空中只有一个目标，或者虽有数个目标但其架次间隔时间允许对其逐架射击，或者对威胁大的目标射击，则应采用集火射击。

（2）高射炮兵分火射击，是各火力单位或各炮对所区分的射击目标同时进行射击，目的是充分发挥高射炮兵的作战效能。分火射击应根据高射武器的性能、战斗队形配置和空中目标活动情况，以及空中目标对己方威胁的程度来确定。通常在射击指示或射击预案中明确一般原则，具体区分方法则需灵活运用。几个火力单位可分别对不同方向来袭的目标射击；性能不同的高射武器可分别对不同高度来袭的目标射击；来袭目标的架次间隔时间短，来不及逐架转移火力射击时，可指定不同的火力单位分别对前后不同架次目标射击；空中情况复杂时，各火力单位射击本单位射界内的目标。作为火力单位的高射炮兵连，对直升机、伞降目标、地面目标、水面目标射击时，也可将各个目标区分到各排或各炮，实施分火射击。

高射炮兵射击时，应按照射击持续时间或发射间隔时间，对各类高射炮的发射方式做出区分。中口径高射炮可以采用单发射、齐射和急促射，小口径高射炮可以采用单发射、短点射和长点射。通常在对伞兵、照明弹、坦克、装甲车辆等目标射击时采用单发射。小口径高射炮短点射时，每次发射的持续时间为 1～2 秒，通常用于对空中低速目标射击；长点射时，每次发射持续时间为 2～4 秒，通常用于对空中高速目标射击。高射炮齐射，是在指挥员统一口令下，数门高射炮同时发射。齐射时，各炮炸点在空中同时出现，对射击目标威胁大，且便于观察炸点偏差。高射炮急促射时，各炮按照规定的最大速度发射完规定的炮弹数量，火力强，但射击精度较差。中口径高射炮在用瞄准具法对低空、俯冲目标和集群的伞降目标射击时，通常采用急促射。

对于运动状态不同的目标，高射炮兵采取不同的射击手段，通常包括：

（1）对水平目标射击。目标的水平飞行状态符合高射炮火控系统和高射炮瞄准具的工作假定，有利于取得较好的射击效果，应尽量采用火控法射击；当目标批次间隔较小时，可以交替采用火控法和瞄准具法实施射击。发射法通常采用长点射或齐射。

（2）对低空目标射击。目标的飞行高度小于1000米，其飞行高度低，难以及早发现，射击火力受到限制。应力争采用火控法射击，发射法用长点射。来不及采用火控法时，则采用较为便捷的瞄准具法射击。对突然出现的低空目标，高射炮捕住目标即可开火。

（3）对俯冲目标射击。可以采用火控法射击，也可以采用瞄准具法射击。射击中，小口径高射炮通常采用长点射，并可视情况增加发射弹数；中口径高射炮采用急促射，以增大火力密度，提高射击效果。

（4）对环绕目标射击。此时目标不断改变航向做圆弧飞行或近似圆弧飞行，捕捉目标难度大。小口径高射炮对环绕机可以采用火控法射击，也可以采用瞄准具法射击；中口径高射炮只采用火控法射击。小口径高射炮采用长点射，中口径高射炮采用齐射。

（5）对直升机射击。通常采用火控法射击，也可以采用瞄准具法射击。能见度不良时，采用火控法射击。发射种类可以采用短点射或齐射。

（6）对伞降目标射击。对伞降目标射击包括对伞兵、伞降武器装备和照明弹进行的射击。伞降目标体积小，分布范围大，速度慢，在空中持续时间较长，对伞降目标射击时不易直接命中。为便于区分火力，小口径高射炮用瞄准具法射击，采用单发射或短点射；中口径高射炮可以采用火控法实施齐射，也可以采用瞄准具法射击，采用单发射或急促射。

（7）对巡航导弹射击。主要以小口径高射炮射击，既可采用火控法，也可采用瞄准具法。在不危及地面安全的情况下，只要有射击诸元即可开火。发射采用长点射。

高射炮兵部队在机动中实施射击，根据敌情和己方的运动状态，具有以下方式和特点：

（1）高射炮分队在移动中或跟进掩护、伴随掩护部队时，对突然来袭的空中目标，不可避免地要实施行军中射击。摩托化行军中射击，有短促停顿间射击、行进间射击、临时放列射击和停止间射击等方式。行军中射击，空中情报不易保障，情况突然，不便于统一指挥，不便于发扬火力，射击精度一般较差。

（2）小口径高射炮分队边行进边对空中目标实施行进间射击。由于高射炮在行进间运动中射击时，全炮的震动和摆动较大，影响炮手操作的稳定性，瞄准误差增大，射击效果差，对高射炮的磨损也较大。

（3）小口径高射炮分队在行进中，做短促停顿但来不及放列时，对空中目标实施短停射击。高射炮短停不放列射击，应尽量选择在道路平坦或左右倾斜度小、路边遮蔽物少的地段进行。

（4）高射炮分队在行进中，为抗击空中目标的突然袭击，就近选择有利地形放列或就地放列进行临时展开的射击，亦称为"临时放列射击"。分队放列展开时，火控系统、车辆尽量离开道路并注意隐蔽伪装，高射炮采用瞄准具法实施射击。

（5）高射炮分队在火车、轮船输送中，对来袭的空中目标实施车船运行中射击。车船运行中射击不便于集中指挥，通常以搭载的车船为火力单位，用瞄准具法实施射击。高射炮瞄准具上装定的速度是目标对高射炮的相对速度，因此，要根据车船运动速度，以及目标的运动方向，在高射炮上预先装定速度修正量。

高射炮兵在射击时，确定精确的射击诸元是命中目标的关键环节。那么，高射炮兵是如何确定射击诸元的？按照射击诸元计算装置不同，确定射击诸元的方法分为高射炮火控法和高射炮瞄准具法。

（1）高射炮火控法，早期是利用火控雷达和射击指挥仪，后来多是利用高射炮自动化火控系统求取射击诸元进行射击，是高射炮兵射击的基本方法。采用火控法射击，根据目标现在位置的坐标由火控系统求出射击诸元，经同步传动装置或数据传输装置传给高射炮，高射炮自动跟踪射击。采用高射炮火控法射击，由于目标现在位置坐标比较精确，能平滑随机误差，并能修正气象和弹道条件偏差对射击的影响，因而射击诸元精度较高。

（2）高射炮瞄准具法，是用高射炮瞄准具装定目标运动参数和目标距离，计算射击诸元，控制高射炮实施射击。其计算诸元的准确性低于火控法，通常是在不能用火控法时采用，是高射炮兵射击的辅助方法。小口径高射炮上配用的高射炮瞄准具测定与输入目标诸元的方式不同，其射击要领也不同。使用机械或光学环形瞄准具射击，根据目标速度选择使用瞄准具上相应的瞄准环，并找到相应的瞄准点，使瞄准点与目标重合即可射击；使用向量瞄准具射击，用光学瞄准镜跟踪目标，并在瞄准具上装定目标的速度、距离、航向、俯冲角或上升角等参数，瞄准具自动连续地求取射击诸元，炮身指向目标提前位置射击；使用测速瞄准具射击，用光学瞄准镜跟踪目标，火控计算机按照高射炮跟踪目标产生的角速度连续求取射击提前量，炮身指向目标提前位置射击；使用独立瞄准线式计算瞄准具射击，在瞄准跟踪目标时装定一次目标速度和斜距离，瞄准具自动连续地求取射击诸元，炮身指向目标提前位置射击。中口径高射炮用瞄准具法射击，是在瞄准具上装定预先计算好的射击诸元，通过瞄准跟踪目标，使炮身指向目标提前位置射击。采用高射炮瞄准具法实施射击，不受电子干扰的影响，操作简便灵活，反应速度较快，适于对突然出现的目标射击。小口径高射炮采用此种方法，可以单独解决射弹与目标相遇问题，能集中数门炮射击一个目标，也可由各炮自行选择目标射击，火力运用比较灵活，但射击精度比采用高射炮火控法射击要低。

  按照弹丸对目标杀伤机理的不同，高射炮兵射击分为着发射击和空炸射击。小口径高射炮通常采用着发射击，中口径高射炮通常采用空炸射击。高射炮兵射击按发射种类不同分为点射、连射、齐射、急促射和单发射。小口径高射炮射速快，通常采用点射，也可采用连射和单发射。中口径高射炮射速稍慢，通常采用齐射，也可采用急促射和单发射。

20世纪30年代研制出高射炮射击指挥仪并用于对空射击,初步实现了高射炮兵射击自动化。40年代炮瞄雷达用于高射炮兵射击,夜间射击探测跟踪目标的问题得到解决。第二次世界大战后,由于高射炮瞄准具和高射炮火控系统的发展,高射炮兵射击能力和火力反应速度大为提高。随着防空武器装备的更新与发展,高射炮兵射击将更广泛地运用运筹学、概率论等知识和电子计算机、电子对抗、光电对抗等技术,进一步增强抗干扰能力,缩短火力反应时间,提高射击精度和信息化程度。

中国860型炮瞄雷达

量敌选弹——种类繁多的高射炮弹

高射炮弹是高射炮武器系统的重要组成部分，高射炮全靠它去毁伤目标。高射炮弹由弹丸和发射装药两部分组成。弹丸通常由引信、弹体（弹壳）、炸药或其他装填物构成。发射装药由发射药、药筒、底火、点火具及其他辅助元件构成。高射炮发射时，击针撞击底火或电能作用于底火而使底火发火，底火点燃发射药；发射药燃烧产生高温、高压火药燃气，推动弹丸向前运动；当弹丸碰击目标、到达引信装定时间或引信感受到物理信息时，引信引爆弹丸内装的炸药，使弹丸爆炸。

高射炮弹按用途分为主用弹和辅助弹。主用弹是用于直接毁伤目标的高射炮弹。其中，杀伤弹、杀伤爆破弹、薄壁榴弹、预制破片弹等统称高射榴弹，是高射炮最基本的主用弹，以弹丸爆炸产生的破片和冲击波毁伤空中目标也可用于毁伤地面目标和水面目标。曳光弹、穿甲弹等也属于主用弹。辅助弹是部队训练、靶场试验等使用的炮弹，如演习弹、教练弹、空包弹等。此外，在炮弹中还有一类特种弹，如发烟弹等。辅助弹和特种弹在防空作战中不使用，或很少使用。

（1）杀伤弹以弹丸爆炸后产生的破片和冲击波杀伤有生力量和毁伤目标，由弹体、装药和引信等组成。口径较大的杀伤弹一般装填梯恩梯或黑梯混合炸药，通常配用触发引信或时间引信。某些高射炮和舰炮配用的杀伤弹，装有显示弹道的曳光管，高射炮的杀伤弹配用的引信上还有自炸装置。杀伤破片按生成方式分为自然破片、控制破片和预制破片 3 种。杀伤力的大小主要取决于爆炸后有效破片的空间分布、速度分布和质量分布。采用控制破片和预制破片结构，或采用高能炸药，选用高密度破片材料（钨合金）、高破片率钢（高碳硅锰钢），可提高杀伤力。有些杀伤弹还有纵火能力，可以扩大杀伤弹的作用效果。

（2）杀伤爆破弹是兼有杀伤作用和爆破作用的中口径和大口径高射炮弹，由弹体、炸药装药和引信等组成。其炸药相对质量和装填系数介于杀伤弹和爆破弹之间，杀伤作用不如相同口径杀伤弹，爆破作用不如相同口径爆破弹。实施杀伤任务时，触发引信装定瞬发位置或用近炸引信，以破片杀伤有生力量；实施爆破任务时，引信装定延期位置，使弹丸侵入目标一定深度后爆炸以摧毁目标。

（3）曳光弹在弹丸尾部装有曳光管或曳光药柱，飞行中以其曳光剂发出的可见光显示弹道轨迹。该种高射炮弹主要用于指示目标和校正射击偏差。曳光剂靠高射炮发射时的发射药点燃。曳光高射炮弹多用于对坦克、装甲车和飞机等活动目标射击，便于夜间进行射弹观察和射击修正。曳光高射炮弹显示弹道轨迹的时间为数秒到数十秒。

（4）曳光杀伤榴弹具有杀伤爆破效应，可以直接毁伤空中目标。这种高射炮弹弹丸底部装有曳光剂，通常配用于小口径高射炮，主要用于毁伤低空飞机、直升机及伞降目标，也可用于杀伤地面和水面的有生力量等。

（5）杀伤爆破榴弹俗称"无曳光榴弹"，是用于毁伤空中目标、具有杀伤爆破效应的高射榴弹。弹丸内不装曳光剂，增加了炸药装填量，提高了爆破威力。

（6）薄壁榴弹弹壁较薄，装药量大，侵入目标内爆炸并燃烧。这种高射炮弹主要用于毁伤攻击机、装甲较厚的直升机、地面轻型装甲目标和海上巡逻艇、气垫船等。例如，瑞典研制的配用40毫米高射炮的薄壁榴弹，弹体用淬火钢，弹带用铜镍合金，弹丸内装掺有铝粉燃烧剂的高能炸药，配用短延期引信。发射后利用弹头动能穿透钢甲，弹丸在目标内爆炸，燃烧剂燃烧，具有穿甲、爆破、燃烧3种效能。

（7）曳光燃烧弹主要用于毁伤空中目标和地面非装甲目标，具有杀伤、燃烧效应。弹丸内除装炸药和曳光剂外，还装有燃烧剂，以增强对目标的纵火与燃烧效应。例如，美国MK2式40毫米曳光燃烧弹，内装63克梯恩梯炸药和36克燃烧剂。此类高射炮弹大都选用镁铝合金、硝酸钡、四氧化三铁和锆合金等作为燃烧剂。

（8）爆破燃烧弹是具有爆破、燃烧效应的高射炮弹，弹体较薄，弹内装炸药和燃烧剂较多。例如，瑞士厄利空20毫米曳光爆破燃烧弹弹丸内装12克炸药和铝粉，爆破燃烧效果比相同口径的其他弹种要大。

（9）杀伤燃烧弹具有杀伤与燃烧效应，瑞士厄利空公司为35毫米高射炮研制的杀伤燃烧弹就属此类。它弹体较厚，内装高能炸药和燃烧剂，引信为带自炸装置的机械或电子弹底引信。这种高射炮弹主要依靠弹体所产生的破片和燃烧效应毁伤目标。

（10）杀伤爆破燃烧弹兼有杀伤、爆破和燃烧效应，这种高射炮弹弹体内装有高能炸药和燃烧剂，配装带有自炸装置的弹头着发引信。

（11）预制破片弹弹丸内装填预制杀伤体和高能炸药，具有较强的穿甲能力，主要用于毁伤飞机、武装直升机和较小的巡航导弹。例如，瑞典为 40 毫米高射炮研制的预制破片弹，弹体用优质钢，弹壁上厚下薄，嵌有 600 个碳化钨金属球，用塑料黏合在一起，弹内装高能炸药，配用无线电近炸引信。爆炸产生的破片加金属球共 2 千余块，朝四周飞散，速度达 1100～1400 米/秒。其杀伤范围和杀伤威力比相同口径的其他高射炮弹大得多。

（12）可编程序预制破片弹是一种灵巧弹药，借助于一个可编程的电子时间引信，能迅速、准确地计算出目标信息和有效控制弹丸飞抵目标时间，适时爆炸。它对飞机和巡航导弹有较高的命中率和毁歼率。瑞士研制的 35 毫米"阿海德"炮弹和瑞典研制的 40 毫米可编程的预制破片弹等均属此类。瑞士的"阿海德"炮弹弹丸底部装有可编程的电子时间弹底引信，可根据火控计算机传输的目标运动参数及实测的弹丸初速，及时而迅速地对引信进行装定。当弹丸飞出炮口时，电子时间引信开始倒计时，直到按所设定的时间和方位起爆，产生数百枚预制破片毁伤目标。该种高射炮弹的引信装定非常快捷，计算精度高，可在 70～4600 米射高内对目标进行有效攻击。

"阿海德"炮弹

（13）高射穿甲弹主要依靠弹丸的动能和强度穿透装甲并摧毁目标，是高射炮主用弹的一种。除具有较强穿甲能力外，有的还分别具有爆破、燃烧等效能，包括高射炮使用的普通穿甲弹、穿甲爆破弹、穿甲爆破燃烧弹和脱壳穿甲弹等，主要用于毁伤坦克、自行火炮、装甲车辆、舰艇等装甲目标和有装甲防护的空中目标，也可用于破坏坚固防御工事。

普通穿甲弹的弹体直径与火炮口径相同，按弹丸作用的不同可分为实心穿甲弹、穿甲爆破弹、穿甲燃烧弹。通常在弹体内装少量炸药，以提高穿透装甲后的杀伤和燃烧作用。普通穿甲弹一般由风帽、被帽、弹体、炸药、引信和曳光管等组成。其中，风帽用于减小飞行阻力;被帽用于保护弹体头部穿甲时不受破坏,并可防止跳弹;弹体用优质合金制造;曳光管用于显示弹道,以便观察弹迹和修正射击。

曳光穿甲爆破弹主要用于射击空中有装甲防护的目标和地面轻型装甲目标。例如,苏联配用 57 毫米高射炮的 P281 曳光穿甲爆破弹、法国配用 30 毫米双管自行高射炮的 PSL 曳光穿甲爆破弹,弹丸尾腔内均装有较多的炸药,对目标有较大的穿甲和爆破作用。

曳光穿甲燃烧弹因弹丸内装有燃烧剂(燃烧合金),穿透装甲后燃烧作用大而得名,主要用于射击空中有装甲防护的目标和地面轻型装甲目标。例如,苏联配用 23 毫米高射炮的曳光穿甲燃烧弹,弹体内不装炸药而装燃烧药柱,发射后依靠弹丸的动能、穿甲后产生的装甲碎片和燃烧作用毁伤目标。

"阿海德"炮弹结构

高射炮弹的引信，是利用目标信息、环境信息或按预定条件引爆炮弹弹丸。引信按作用原理分为触发引信、非触发（近炸）引信和时间引信。

（1）触发引信亦称"着发引信"或"碰炸引信"，是利用接触感觉获取目标信息控制发火。它只有在碰撞目标或其他物体时才能引爆弹丸。触发引信通常由击针、火帽、雷管、传爆药和保险机构等组成，多安装在弹丸的顶端。当弹丸撞击目标时，击针击发火帽，火帽产生的火焰传至雷管，雷管起爆传爆药，进而引爆弹丸装药使弹丸爆炸。按作用时间的长短，触发引信分为瞬发引信、短延期引信和延期引信。

瞬发引信是在弹丸碰击目标瞬间（通常小于1毫秒），借助目标的反作用力引起爆炸。这种引信通常配用于杀伤弹、空心装药破甲弹和小口径高射炮榴弹。

短延期引信是在弹丸碰击目标后，借助轴向惯力发火引起爆炸，这种引信作用时间稍长（1～5毫秒），弹丸侵入目标的深度较用瞬发引信时深一些，通常配用于杀伤弹和爆破弹。

延期引信是由于延期装置的作用，在弹丸钻入目标一定深度或触地跳起后才引起爆炸。这种引信作用时间较长（2～300毫秒），通常配用于爆破弹、穿甲弹。

（2）非触发引信有无线电引信、磁引信等类。

（3）时间引信按控制时间方法的不同，分为装药盘时间引信、电子时间引信等。

技术独创
——瑞典"博福斯"40 毫米高射炮弹

20 世纪 70 年代中期,电子信息技术等高新技术在弹药上获得应用。瑞典等国家利用新技术,研制出一批新型的 40 毫米高射炮弹,试用后性能先进,命中精度和毁伤效果均受到好评,多个国家纷纷引进,更有一些国家仿制、改进和移植到其他弹药上。

"博福斯" 40 毫米近炸引信预制破片弹,是瑞典博福斯公司于 1974 年研制的,配用 L/70 式 40 毫米高射炮及其改进型高射炮,主要用途是对付各类飞机和武装直升机,以及巡航导弹等尺寸较小的目标。该弹的弹体由优质钢制成,弹丸上下的壁厚各不相同,上部厚度约为下部厚度的 1/2,较薄部分的长度约占整个弹体长度的 2/3。在弹体较薄的弹壁上嵌有 600 个碳化钨金属球,用塑料黏合在一起,其侵彻力为同重量钢制破片的 2 倍。弹内装奥克托尔高能炸药,爆炸产生的破片加金属球,共计可达 2400 块。配用无线电近炸引信,对飞机的起爆距离为 5～6.5 米,对巡航导弹的起爆距离为 3～4 米。该弹问世后,又不断进行改进和完善。对距离和高度均为 1000 米的飞机射击,1 发命中弹的毁歼概率可达 90%,杀伤范围是普通高射炮榴弹的 2 倍多,杀伤威力比普通高射炮榴弹高出 40～50 倍,而成本只比普通榴弹贵不到 2 倍。该弹初速 1025 米/秒,破片速度 1000～1500 米/秒,全弹重 2400 克,弹丸重 880 克,炸药重 100 克(改进型增至 120 克),全弹长 534 毫米,弹丸飞

预制破片弹结构

行1000米的时间为1.1秒。

"博福斯"40毫米程控近炸引信预制破片弹,是瑞典专为"三位一体"40毫米自行高射炮研制的一种预制破片弹。其特点是飞行时间短、毁歼概率高,可以近炸、可对付各种目标,弹片散布比较好。该弹弹体细长,弹内装有奥克托尔高能炸药和1000多个碳化钨金属球,金属球直径3毫米。炮弹爆炸后可产生3000多个破片,对巡航导弹和小型低空目标有很强的毁伤效果,钨金属球的散布范围可达180平方米,弹丸在近炸引信的作用下距飞机8米时爆炸。初速1200米/秒,全弹重2800克,弹丸重1100克,炸药重140克,飞行时间5.6秒(4000米)。引信可受预编程序控制。在炮管上装有程序编制器,可编制6种不同的控制弹丸爆炸的程序,根据目标的性质、高度、大小和飞行的方向、速度等选择不同的工作方式。每发炮弹发射之前，可按照预先选择好的工作方式自动装定好引信的工作程序。

"博福斯"40毫米近炸引信喷气弹道修正弹，是瑞典博福斯公司为"三位一体"40毫米自行高射炮研制的一种喷气式弹道修正弹，用于对付高速机动的空中目标。弹体中部有一个弹道修正气体喷出孔，尾部有一个信号接收装置。在弹丸向预先设定好的目标未来点飞行过程中，高射炮火控系统的计算机根据目标的实际航向、速度等飞行参数，计算出目标未来点，并向弹丸尾部的信号接收装置发出信号。弹上的弹道修正装置即可自动修正弹丸的飞行路线，使之最终命中目标。

"博福斯"40毫米薄壁榴弹，是瑞典博福斯公司研制的一种具有多种毁伤功能的高射炮弹，配用75式"博菲"40毫米高射炮和"三位一体"40毫米自行高射炮，主要用于对付装甲较厚的武装直升机及其他空中目标。弹体用淬火钢制造，弹带为铜镍合金，弹内装奥克托尔高能炸药。药筒内装单基硝化棉1066式发射药。具有穿甲、爆破和燃烧效能，利用弹头的动能穿透装甲，弹丸在目标内部爆炸。掺有铝粉燃烧剂的炸药有燃烧作用。配用短延期引信，延期时间为23毫秒。弹丸前部装有安全防护帽，以保证弹丸飞行过程中延迟机构安全可靠和延时装药正常燃烧。初速1030米/秒，全弹重2400克，弹丸重870克，弹体重651克。炸药重165克，引信重54克。全弹长534毫米，弹丸长（含引信）214.5毫米，自炸时间

8.5 秒或 13 秒。

受瑞典新型高射炮弹研制成功的影响，法国和比利时 1978 年开始联合研制 FN128 式 40 毫米近炸引信预制破片弹，20 世纪 90 年代初期配用瑞典 L/70 和 L/60 式 40 毫米高射炮。FN128 式近炸引信预制破片弹为长引信弹，改进型 FN128A1 式为短引信弹。后者比前者的炸药量增加 39%，弹内装的钨金属球增加 25%，弹丸爆炸后所产生的破片数增加 40%，破片速度增加 21%。近炸引信起爆距离一般为 3 米，不受雨滴和树林枝叶的干扰，对付隐蔽悬停在树丛上的武装直升机十分有效。近炸引信由超小型电池供电，有自炸装置，使用时可和 L/70 式 40 毫米高射炮的榴弹或燃烧弹上的机械引信互换。FN128A1 式近炸引信预制破片弹初速 1025 米/秒，破片速度 1700 米/秒，全弹重 2450 克，弹丸重 895 克，炸药重 158 克，破片 3800 块，预制钨金属球 750 个，使用温度 -20℃～+50℃，引信长 69.7 毫米，引信直径 25.7 毫米，引信炮口安全距离 200 米，引信解脱保险距离 500 米，自炸时间 7～10 秒。

指挥中枢——率先达成信息化的防空作战指挥系统

防空作战指挥系统是防空兵实施对空侦察和作战指挥的自动化系统。这个系统是军队指挥系统中率先实现自动化和信息化的系统，用于空情的录取、分发、传输、处理、计算、显示，提出辅助决策建议，实施作战指挥和武器控制。防空作战指挥系统是军队指挥自动化系统的组成部分，是合成军队实施防空作战指挥和防空火力控制的主要工具，属于陆军战役战术级机动 C^3I 系统。按装备级别，防空作战指挥系统分为集团军（师）防空作战指挥系统、防空旅（团）情报指挥系统和防空营（连）情报指挥系统。

20 世纪 50 年代，苏军开始装备 K-1 防空火力自动控制系统，用于控制 5 个营组成的防空炮兵旅的火力和由数个防空炮兵旅组成的防空炮兵师的火力。1991 年，俄罗斯地空导弹旅装备了机动式"贝加尔"-1E 防空自动化指挥控制系统，用于指挥控制防空导弹旅装备的各种射程的地空导弹系统的战斗行动。该系统能在地球的大多数地区和各种使用条件下长期连续工作，能接收、处理和显示来自各种雷达、预警机侦察装备的目标信息，以及所指挥的地空导弹系统等信息源的目标信息，为各地空导弹系统分配和指示目标。一套"贝加尔"-1E 防空自动化指挥控制系统，可控制多种地空导弹系统实施反空袭作战。该系统主要由战斗控制车和电源车组成，可采用自行、铁路运输、空运和水运等机动方式。战斗控制车内装

2个自动化工作站，供地空导弹指挥人员直接指挥控制所属部队的作战行动，必要时还可在掩体中的固定指挥所内增设3个外部工作站。电源车内有2台100千瓦发电机，分别向系统自动供电。指挥控制系统用于信息显示、多功能数据发送、战斗过程信息文件生成，配有光纤信息发送系统，可同时控制72个发射信息的通道，同时处理80个空中目标的信息，同时控制4套地空导弹系统的发射，同时控制12套地空导弹综合系统，空情数据处理范围为距离1200千米、高度102.4千米，进入战斗准备时间3分钟，展开和撤收时间5分钟，使用维护人员5人。

1957年，美军防空炮兵装备了AN/FSG-1"导弹指挥员"地空导弹半自动化指挥系统，用于对"奈基"-Ⅱ地空导弹、"霍克"地空导弹实施火力控制与协调，最多可控制16个地空导弹连。1993年，美国陆军装备前方地域防空C^3I系统，用于向近程防空武器系统提供近实时预警、目标信息、飞机识别和空战管理，综合处理并分发来自各种渠道的信息，满足前方地域防空营和独立连指挥控制与搜索目标的要求，以及陆军战术指挥控制系统所属防空炮兵部队的职能要求。该系统能与其他指挥系统和盟军的联合防空指挥控制系统互通，除装备美国陆军外，还出口韩国。该系统主要由营防空战术行动监控管理中心，师战术行动中心的陆军空中指挥与控制系统，防空连数据处理、分发传感器和指挥与控制系统，"哨兵"雷达，简易手提便携式终端设备组成。其中，营防空战术行动监控管理中心和师战术行动中心的陆军空中指挥与控制系统配置在陆军标准化综合指挥系统方舱内，由高机动多用途轮式车运载。指挥与控制系统的任务是获取信息并用于决策，通信与情报系统保障指挥与控制系统有效运作。通信系统包括单信道地面和机载无线电系统（"辛嘎斯"电台）、增强型定位报告系统（EPLRS）、移动用户设备（MSE）和联合战术信息分发系统（JTIDS）。"辛嘎斯"电台用于近程防空营的前方地域防空指挥控制与情报系统的话报和数据保密通信，工作频率30～88兆赫，总计2320个信道，可以单信道工作，也可以跳频工作。增强型定位报告系统无线电设备用于数字数据保密通信，提供空中跟踪传输、双向指挥和控制线路、通信线路的分配及传感器联网。移动用户设备是链式转换节点的通用转换通信系统，可为部队提供区域通用通信系统的坐标方格网。联合战术信息分发系统是指挥、控制、识别的数据和话频保密通信系统，营防空战术行动监控管理中心和师战术行动中心的陆军空中指挥与控制系统通过联合战术信息分发系统接收来自联合数据网的远程预警信息、分类数据和识别数据，同时还能将近程防空跟踪数据传递到联合数据网。"哨兵"雷达系统装备在师级近程防空营和装甲骑兵团，用于搜索跟踪空中目标，为近程防空系统提供预警，向指挥控制中心传递空情态势数据，作用距离40千米。

随着通信技术和电子计算机技术的发展，出现自动化程度高、野战防空和要地防空兼用的防空情报指挥自动化系统，采用集成电路，其体积、重量减小，反应速度加快。20世纪80年代，中国人民解放军为了满足空情录取、传输与处理的快速性要求，研制成功了"高炮自动标图系统"，实现了防空雷达空情录取自动化，使情报处理速度提高了几十倍。在此基础上，90年代初研制成功了防空旅（团）情报指挥系统并批量装备部队，使野战防空作战指挥系统形成体系。

从各国装备的情况看，不同级别的防空指挥系统的基本组成大体相同，通常由指挥控制分系统、通信分系统和支援保障分系统构成。

（1）指挥控制分系统主要完成情报处理和作战指挥功能，通常由若干辆指挥控制车组成。在指挥控制车的方舱内设有计算机、存储器、显示控制台、通信和USP电源等设备。根据野战防空指挥系统所承担的具体作战任务，在指挥控制车的方舱内可设置不同数量的显示控制台。

（2）通信分系统属战术通信系统，主要有地域通信网、战术卫星通信网、三军联合信息分发系统和战术互联网等。通信设备包括能传输话音、数据和图像的各种无线电台、通信终端、卫星地面站、有线和无线接入设备及通信指挥设备。通信系统可由若干辆通信车组成，如无线通信设备车、卫星通信车、有线接入车和通信指挥车等。

（3）支援保障分系统主要用于收集和处理所属部队物资补给、设备维修保养状况、运输和医疗卫生保障等方面的信息，制定支援保障计划和决策，组织实施支援保障活动。支援保障分系统一般包括支援保障管理信息处理设备、通信设备，以及物资和维修保障设备等。其中，信息处理设备包括计算机和显示器等设备；通信设备包括电话和无线电台等设备；物资和维修保障设备包括供电设备、维修设备和部件、医疗设施、生活保障设施和物资。

利用防空作战指挥系统，能有效控制和组织起严密的对空侦察体系，实现空情信息的高效收集、处理和共享；能生成合理的兵力部署、侦察配系、兵力机动、威胁评估、火力分配等辅助决策方案，并能实时评估和优选；搜集和存储军事信息及资料，进行作战所需数据、图形、图像、文电处理及计算，生成并显示战场综合态势，保障各级防空兵指挥员对所属兵力的作战行动实施全面监控，灵活运用兵力，统一协调火力，提高作战效能；与友邻部队保持不间断的协同；保障情报、指挥、协同等信息实时、准确、稳定、不间断和保密地传输、交换，并可实施移动通信和网络监控；实施技术保障，进行模拟训练，实现多种业务自动化。

未来的野战防空作战指挥系统集成化、网络化程度将越来越高，实现防空战术指挥系统、对空侦察装备、防空兵器、上级及友邻指挥系统纵向贯通、横向互连，情报、指挥控制、战场态势等信息将实时传输与共享，提高防空作战指挥效能。

察敌千里——防空兵对空侦察预警系统

在防空作战中，敌方的空中目标，可能从任何空域，在多种气象和地形条件下进行空袭。防空部队必须提前发现来袭的空袭兵器，才能预先做好战斗准备，消灭入侵的空中飞贼。那么，防空部队是如何提前发现空中目标，并向部队发出预先进入战斗状态的警报呢？防空部队是综合利用对空侦察预警系统，以各种手段实施侦察，为本部队及合成军队提供实时全面的空情，以便正确实施防空作战指挥控制，充分发挥防空体系的作战效能。

防空部队的对空侦察预警系统，通常由地面雷达警戒网、空中侦察网、对空观察哨网和空情报知网组成。

（1）地面雷达警戒网是由若干个地面雷达站统一布局、梯次配置，构成高中低空、远中近程严密的对空侦察网，是获取空情的基本手段。

（2）空中侦察网是由升空雷达平台构成的侦察网，主要包括升空预警雷达、空中预警机、无人侦察机和浮空器预警系统等，具有不受地形条件限制、机动性强、侦察范围大、利于发现低空目标和隐身目标等特点，是对空侦察的发展方向。

（3）对空观察哨网是利用光学观察器材、红外预警系统、小型哨所雷达和声测装置监视空情并将情报及时传递的警戒网，是地面雷达警戒网超低空补盲、获取低空情报的有效手段。

（4）空情报知网主要是依据综合处理雷达信息的

雷达情报站，构成上报或通报所获取空中情报的信息网络，是报知各种空情的主要组织手段，可接收上级、友邻和本部各雷达情报分站报知的空情，经综合处理后上报或通报。

衡量对空侦察预警系统性能的主要指标，包括空域覆盖能力、定位精度、抗干扰能力、目标识别能力、情报处理能力、情报传输能力、预警时间、机动性及生存能力等方面。

（1）空域覆盖能力指对空侦察预警系统所能探测到目标的空间范围，通常以给定高度上的区域范围、上限和下限高度、覆盖系数、预警概率和预警时间等指标来进行衡量。

（2）定位精度指对空侦察预警系统根据对目标的测量值确定的目标坐标与目标真实坐标之间的误差。

（3）抗干扰能力指对空侦察预警系统抑制除目标信号以外的其他无用信号的能力，包括抗各种形式的有源干扰和无源干扰的能力。

（4）目标识别能力指对空侦察预警系统利用目标特征信息对目标的类型、属性进行区分和辨别的能力。

（5）情报处理能力指对空侦察预警系统在单位时间内获取并处理目标空情的最大批数。

（6）情报传输能力指对空侦察预警系统在给定环境下对空情信息进行快速、准确、安全、有效地发送与接收的能力，衡量情报传输能力的指标主要有通信体制、通信协议、传输距离、传输速率和误码率等。

（7）预警时间指从对空侦察预警系统发现目标时

刻起，到目标飞临火控系统或跟踪制导雷达最大截获距离时刻止的时间间隔。

（8）机动性指对空侦察预警系统部署与撤收所需时间和人力，以及运输单元数、运输方式和道路通过能力等。

（9）生存能力指对空侦察预警系统在战场环境下抗摧毁、抗打击的程度，以及修复能力。

对空侦察预警系统最早出现在第一次世界大战时期，当时建立的对空观察哨完全依靠人的耳目发现飞机，配置在距离防卫要地 60～80 千米的地域，后来扩大至 200 千米，由数道对空观察线统一组成对空侦察警报网。20 世纪 30 年代以后，雷达出现并在第二次世界大战中使用，侦察距离更远，预警时间更及时，对空侦察预警系统逐渐形成了以雷达为主体、结合对空观察哨的对空侦察预警体系。40 年代初，美、英等国家研制成目标指示雷达。50 年代，动目标显示雷达研制成功，使雷达抗杂波干扰能力显著提高，并相继发展了空中雷达预警与指挥系统。60 年代，脉冲压缩、频率捷变、相控阵等体制的目标搜索雷达研制成功。70 年代以来，随着微电子技术、计算机技术的迅猛发展，相继出现了脉冲多普勒、微波固态有源相控阵、数字波束形成等体制的目标搜索雷达，这使得雷达侦察能力进一步提高，在对空侦察预警系统中发挥了更为重要的作用。基于军用电子信息技术的进步，70 年代后期以来，逐步建立了指挥、控制、通信和情报一体化的防空 C^3I 系统，对空侦察预警系统成为其重要组成部分之一。

随着高新军事技术的发展与广泛应用，防空部队的对空侦察预警系统得到迅速发展，其趋势是：充分运用陆、海、空、天各种侦察装备，构成规模庞大的立体侦察预警网，在侦察监视地域和时间，以及情报处理利用等方面互为补充，实现空间上的立体化；综合利用空中目标的声、光、电、磁、热等特征的各种传感器构成侦察预警网，获取目标的多种特征信息，增加侦察效果，实现侦察手段的综合化；利用现代通信技术、信息处理技术和计算机技术，实现侦察预警的实时化；将侦察装备与武器系统有机结合，构成统一的有机整体，实现侦察监视与攻击系统一体化；采取隐蔽、伪装和电磁静默等措施，提高侦察预警系统的反侦察能力和生存能力。

4

各具特色显异彩

风靡一时——低空防御的小口径高射炮

20世纪50年代后期，随着地空导弹性能的提高，飞机被迫转为低空突防、低空攻击的空袭方式。小口径高射炮火力反应速度快、命中率高，成为对付低空飞机的有效武器。因此，瑞士、苏联、瑞典等国家在有些国家不再装备高射炮的趋势下，仍然研制出一些新型高射炮。其中，瑞士研制了20毫米、25毫米、30毫米、35毫米口径的一系列性能较先进的小口径高射炮。当各国都发现对付低空近程快速进袭的飞机，只靠地空导弹的火力达不到战术要求，仍然需要使用小口径高射炮时，瑞士研制的小口径高射炮却借机畅销多国，有的型号则专供出口，可谓风靡一时。

GAI-B01式20毫米高射炮，是瑞士于20世纪60年代，以HS804式20毫米自动炮为基础研制的一种20毫米高射炮。该炮装备瑞士、奥地利、南非、智利等国家军队。其结构简单，重量轻，越野性能好，行军战斗转换迅速，可高平两用。改进后的自动炮为KAB-001式，采用导气式自动机，配用椭圆形瞄准具和"德尔塔"4型瞄准具，使用燃烧榴弹、曳光燃烧榴弹、曳光穿甲弹、穿甲燃烧榴弹和曳光穿甲燃烧榴弹。初速1100～1200米/秒，有效射程2000米，有效射高1500米，方向射界360°，高低射界-5°～+85°，理论射速1000发/分，行军战斗转换时间25秒，战斗全重405千克，采用卡车牵引。

GAI-C01式20毫米高射炮，是瑞士于20世纪60年代研制的一种20毫米轻型牵引高射炮，装备智利等国家军队，主要用于前沿部队及机场的防空。该炮采用KAD-B13-3导气式20毫米自动炮和双轮轻型炮架，可高平两用，配用"德尔塔"4型瞄准具。使用与GAI-B01式20毫米高射炮相同的弹药。最大初速1050米/秒，有效射程2000米，有效射高1500米，方向射界360°，高低射界-7°～+83°，理论射速1050发/分，战斗全重370千克。采用卡车牵引，也可分解为几件由人力携行。在此炮基础上改进而成的还有GAI-C03、GAI-C04式高射炮。

GAI-D01式20毫米双管高射炮，是瑞士于1978年开始生产的第三种20毫米双管牵引高射炮。该炮是为弥补单管手控20毫米高射炮和双管35毫米

GAI-B01式20毫米高射炮

高射炮之间的火力空白而研制的，装备危地马拉等国家军队。采用 KAD-B16 或 KAD-B17 式 20 毫米自动炮。火控系统由光学瞄准具、火控计算机、操纵杆、液压伺服机构和电源组成。弹药与 GAI-B01、GAI-C01 式 20 毫米高射炮相同。燃烧榴弹初速 1100 米/秒、穿甲弹初速 1150 米/秒，有效射程 2000 米，方向射界 360°，高低射界 -3°～+81°，理论射速 1000 发/分，行军战斗转换时间 60 秒，战斗全重 1330 千克，采用卡车牵引。

GBI-A01 式 25 毫米高射炮，是瑞士于 20 世纪 60 年代研制的第一种 25 毫米牵引高射炮。该炮是在美国 TRW6425 式 25 毫米车载炮基础上发展而成的，主要用于对付低空飞机和直升机，保护机场等重要目标，还可射击地面轻型装甲目标。采用 KBA-C 式 25 毫米导气式自动炮和 GBI 式双轮炮架。配用对空瞄准具和对地双目望远镜。使用燃烧榴弹、曳光燃烧榴弹、曳光穿甲燃烧榴弹、穿甲燃烧榴弹和曳光脱壳穿甲弹。曳光脱壳穿甲弹初速 1360 米/秒，其他弹种初速 1100 米/秒，有效射程 2500 米，有效射高 2000 米，方向射界 360°，高低射界 -10°～+70°，理论射速 570 发/分，战斗射速 160 发/分，战斗全重 440 千克，采用卡车牵引。

GBF-BOB 式 25 毫米双管高射炮，亦称"罗马月神" 25 毫米双管高射炮，20 世纪 80 年代初研制，1986 年批量生产，主要供出口，主要用于对低空飞机、直升机和地面轻型装甲目标射击。由 KBB 式 25 毫米自动炮、"炮王"光电瞄准具、半封闭式炮手舱、动力装置和双轮炮架组成。"炮王"光学瞄准具包括目标指示镜、潜望镜、激光测距机和数字式微处理机。配用曳光燃烧榴弹、曳光脱壳穿甲弹和反导弹脱壳弹。燃烧榴弹初速1160米/秒、脱壳穿甲弹初速1460米/秒,有效射程2000米,有效射高1000米,方向射界360°,高低射界-5°～+85°,理论射速1600发/分,采用卡车牵引或直升机吊运,战斗全重2100千克。炮上仅1人操作。

20世纪70年代,瑞士生产过两种型号的30毫米高射炮,都已停产。

GDF-001式35毫米双管牵引高射炮,是瑞士于

GDF-001式35毫米双管牵引高射炮

20世纪50年代后期研制的，1962年装备部队，在多个国家军队中装备，主要用于野战防空和射击地面目标。经过多次改进，后续型号研制成002式、003式、004式（未生产）、005式，形成了GDF35毫米高射炮系列。1986年，在GDF-001式35毫米高射炮的基础上，瑞士研制成GDF-C02式和GDF-D03式两种35毫米双管自行高射炮，前者是履带式，后者是轮式（亦称"护卫者"），两种炮性能基本相同。

ATAK-35式35毫米双管自行高炮，是瑞士于20世纪80年代初期借鉴联邦德国"猎豹"和荷兰"凯撒"CA-1式35毫米双管自行高炮的基本技术，更新了火控系统发展而成的。该炮由双管KDA式35毫米自动炮、全天候火控系统、主战坦克改进型底盘组成。双管自动炮采用导气式自动机，炮塔为钢装甲焊接结构，炮塔的方向回转和高低瞄准由机电式随动系统控制。该炮由车长和1名炮手操作，紧急情况下也可由1名炮手操作。配用燃烧榴弹、曳光穿甲燃烧榴弹、曳光脱壳穿甲弹、曳光燃烧榴弹，以及配弹底引信的燃烧榴弹。榴弹初速1175米/秒，脱壳穿甲弹初速1385米/秒，有效射程4000米，有效射高3000米，方向射界360°，高低射界-5°～+85°，理论射速1100发/分，战斗全重48600千克。

型号众多
——瑞士 GDF 式 35 毫米高射炮

瑞士的精密机械、精密仪器制造业极为发达,瑞士制造的高射炮和配套的仪器等军事装备在世界上也颇有名气。

瑞士在 20 世纪 20 年代就开始了高射炮的研制工作。到第二次世界大战开始时,已能生产口径为 20 毫米、30 毫米和 75 毫米的高射炮。战后特别是 20 世纪 60 年代以来,瑞士研制生产了多种小口径系列高射炮。其中,GDF35 毫米高射炮的牵引式高射炮系列有 001 式、002 式、003 式、004 式、005 式等;自行高射炮系列有 CO2 式、C03 式、C04 式等履带式自行高射炮,GDF-D02 式、D03 式等轮式自行高射炮。

第二次世界大战后,瑞士厄利空-比尔勒公司受美国海军部委托,研制舰载高射炮。该公司经过对口径为 30 毫米、35 毫米、40 毫米、50 毫米的多种高射炮的研究和试验,认为 35 毫米口径的高射炮性能最佳,性价比更好,于是向美国海军提供了 35 毫米的样炮。20 世纪 50 年代后期,在美国等西方国家热衷于发展地空导弹之时,瑞士厄利空公司又让康特拉夫斯公司加入研制工作,在 35 毫米舰载高射炮的基础上,发展出供陆军装备使用的 35 毫米高射炮。1959 年,研制成首门样炮,后来定名为 GDF-001 式 35 毫米双管牵引式高射炮,1962 年装备部队,在多个国家军队中装备,主要用于野战防空和射击地面目标。该炮由双管 KDB 自动炮、摇架、上架、托架和"超蝙蝠"火控系统组成。火控系统包括目标搜索与指示雷达、光学搜索和跟踪装置、机电模拟计算机和初速测定仪。配用燃烧榴弹、曳光穿甲燃烧榴弹和曳光脱壳穿甲弹。初速1175米/秒，最大射程12800米，有效射程4000米，最大射高6000米，有效射高3000米，方向射界360°，高低射界-5°～+92°，理论射速2×550发/分，单发命中概率2%～15%，毁歼概率50%，系统反应时间6秒，携弹量238发，战斗全重5850千克，采用卡车牵引。在GDF-001式高射炮的基础上，瑞士于20世纪60年代改进成GDF-002式35毫米双管高射炮，主要改进是配用"防空卫士"火控系统和新型瞄准具。该炮1962年投产，装备瑞士、日本、芬兰、西班牙、希腊、加拿大、埃及、韩国、巴基斯坦和沙特阿拉伯等10多个国家的军队。此后经过多次改进，又研制出003式、004式（未生产）、005式，形成了GDF35毫米系列牵引式高射炮。其中，003式、004式为过渡型号，005式于1984年改进而成，主要供出口。

在这些型号中，有代表性的是GDF-002式35毫米双管牵引高射炮和GDF-C03式35毫米双管自行高射炮。

GDF-002式35毫米双管牵引高射炮，初速1175米/秒，最大射程12800米，有效射程4000米，最大射高6000米，有效射高3000米。身管长3150毫米，是口径的90倍。高低射界-5°～+85°，方向射界360°，高低瞄准速度60°/秒，方向瞄准速度120°/秒，高低瞄准加速度120°/平方秒，方向瞄准加速度145°/平方秒，理论射速2×550发/分，单

GDF-002式35毫米双管高射炮

发命中概率 2%～15%，单发命中弹毁歼概率 50%，系统反应时间配"超蝙蝠"火控系统为 6 秒，改配"防空卫士"火控系统为 5.7 秒，行军全重 6700 千克，行军状态长 7870 毫米、宽 2260 毫米、高 2600 毫米，采用牵引车牵引，使用弹夹自动供弹，弹药基本携行量 238 发，炮班共 3 人，行军战斗转换时间 1.5 分钟（3 人操作）或 2.5 分钟（1 人操作）。其配用的"防空卫士"火控系统，由装有敌我识别装置的搜索雷达、跟踪雷达、电视跟踪装置、数字式火控计算机、中央控制台、数据传输装置及电源组成，可同时控制高射炮射击和地空导弹发射。可配用燃烧榴弹、曳光燃烧榴弹、曳光穿甲爆破弹、曳光脱壳穿甲弹、榴弹练习弹和曳光练习弹。这种高射炮由瑞士厄利空－比尔勒公司生产，主要用于攻击低空飞机、直升机和空降目标，1967 年投产，瑞士、西班牙、希腊、加拿大、埃及等 10 多个国家的军队都装备了这种高射炮。

1986 年，在 GDF-002 式自行高射炮基础上，瑞士厄利空－比尔勒公司研制成 GDF-C03 式和 GDF-D03 式两种 35 毫米双管自行式高射炮，前者是履带式，后者是轮式（亦称"护卫者"），两种炮性能基本相同。瑞士 GDF-C03 式 35 毫米双管自行高射炮，由两个 35 毫米炮管、炮塔、光电火控系统、搜索雷达组成。使用履带式装甲运输车底盘。光电火控系统包括潜望式光学瞄准镜、激光测距机、红外跟踪仪和数字式火控计算机。弹药基本携行量 430 发，战斗全重 18000 千克，使用弹链供弹，乘员 3 人。该炮的基本性能、使用弹药等与 GDF 系列 35 毫米牵引式高射炮相同。

管数最多
——"梅罗卡"20 毫米 12 管高射炮

专用高射炮出现以来，就管数而论，西班牙研制的陆用型"梅罗卡"20 毫米 12 管高射炮名列榜首。它的问世，引起世界各国军事专家的极大重视。第二次世界大战前，各国研制的高射炮均为单管高射炮。第二次世界大战中，为了提高高射炮的火力密度，一些国家开始设计和制造多管高射炮。例如，苏联设计了 3 管的 37 毫米高射炮，德国设计了 4 管的 20 毫米高射炮，美国设计了双管的 40 毫米高射炮。战后，苏联研制了双管的 57 毫米高射炮和 4 管的 23 毫米高射炮，美国研制了 6 管的 20 毫米高射炮和 5 管的 25 毫米高射炮，意大利研制了 4 管的 25 毫米高射炮。德国、法国、英国、瑞士、以色列、日本、希腊、南斯拉夫等国家也都研制了多种口径的双管高射炮。中国于 1965 年研制成双管 37 毫米高射炮，20 世纪 80 年代又研制成双管 25 毫米高射炮。世界各国的多管高射炮口径为 20、23、25、30、35、37、40、57 毫米，管数为 2、3、4、5、6、12 管。其中，管数最多的就是西班牙特种材料技术研究公司（赛特迈公司）研制的"梅罗卡"20 毫米 12 管高射炮。

"梅罗卡"20 毫米高射炮，是西班牙特种材料技术研究公司（赛特迈公司）应西班牙陆军的要求，于 20 世纪 70 年代中期开始研制的 20 毫米多管高射炮，分为陆用和舰用两种类型。研制过程中，曾经设计了 20 毫米 12 管联装、25 毫米 12 管联装、30 毫米 12 管联装、35毫米8管联装和40毫米6管联装共5种组合方案。实际上到1985年，由于经费紧张，只制造出20毫米12管联装的陆用型样炮。该炮是世界上管数最多的高射炮，它的问世引起各国军事界的广泛关注。

装在牵引式炮架上的陆用型"梅罗卡"20毫米12管高射炮，是一种可以独立作战的近程防空武器，通常部署在陆军多层防空系统的最后一层，即35毫米高射炮和40毫米高射炮之后。该炮主要用于射击低空目标，采用瑞士厄利空KAB-001式20毫米自动炮。12根炮管分上下两排，由两条钢带固定成一个整体。通过调整炮口制退器后面的钢带，可改变弹丸的散布范围，获得理想的射弹散布效果，以适应不同的作战要求。一次发射的12发炮弹分4组进行。第一组3个炮管发射完毕后，其复进能量抵消第二组炮管发射的后坐力；同样，第三组炮管发射后，其复进能量又抵消了第四组炮管发射时的后坐力。因此，在12个炮管轮流发射中，只有两组6个炮管的后坐力作用于炮架，大大减轻了对炮架的应力。炮尾装有两个液压缓冲制动器，因此在重新装填炮弹时，全炮呈稳定状态，有利于提高下一次射击的精度。单个弹仓容弹720发，可供60次齐射使用。全炮的操作，靠炮床上的发动机提供动力，进行方向转动、高低俯仰和供弹。火控设备包括微光电视摄像跟踪系统、激光测距仪、火控计算机、伺服电动控制器和控制面板等，不配用雷达。火控系统操作简便，操作手仅需负责跟踪目标。当目标做机动飞行时，操作手需及时修正瞄准点。这种高射炮配用燃烧榴弹和脱壳穿甲弹，身管长 2400 毫米,是口径的 120 倍,因而初速可达 1200 米/秒,有效射程 3000 米,方向射界 360°,高低射界 -5°～+85°,理论射速 9000 发/分,战斗射速 1440 发/分,1 次齐射时间 0.08 秒,1 次齐射装弹所需时间仅约为 1 秒。高低和方向瞄准速度均可达 90°/秒,行军战斗转换时间 2 秒。战斗全重 5000 千克,采用 4 轮炮车,卡车牵引,从解脱牵引钩到完成射击准备时间在 2 分钟以内。该炮的操作简单,轻便灵活,火力反应速度和机动速度都很快。

"梅罗卡" 20 毫米 12 管防空舰炮

平台多样
——美国研制的小口径多管高射炮

20世纪50年代，美国利用德国地空导弹技术成果和布劳恩等导弹专家，研制出"奈基""小槲树""霍克"等型号地空导弹并装备美军。这些导弹都属于中高空远程地空导弹，只能有效防御中高空来袭目标。为满足陆军低空防御的火力需求，美国通用电气公司于1964年开始研制"火神"20毫米6管高射炮。该炮以M61A1式航空炮为基础，1967年研制成功，其装备型号为"火神"M167A1式20毫米6管高射炮。该炮有牵引式和自行式两种型号，主要用于掩护前方地域各部队，除对付敌方近距离支援飞机外，还可用于攻击亚声速巡航导弹。牵引式型号为Ml67和M167A1，1969年装备美国陆军空降师和空中机动师，采用两轮炮架，由M715或561卡车牵引或由直升机吊运。此外，"火神"牵引式高射炮还有4轮炮架式、轻便式、轮式装甲车载式等。自行式型号为M163，1968年装备美国陆军机械化步兵师和装甲师，采用M741式履带装甲车底盘，具有三防能力，能两栖作战。配用AN/WPS-2式测距雷达、M61式陀螺稳定提前量计算瞄准具和微光瞄准镜，火控计算机为机电模拟式，可夜间作战。配用曳光穿甲弹、燃烧榴弹、曳光燃烧榴弹和脱壳穿甲弹，初速1030米/秒，最大射程4500米，有效射程1650米，有效射高900米，方向射界360°，高低射界-5°～+80°，理论射速3000发/分，牵引式战斗全重为 1565 千克，自行式战斗全重为 12310 千克。

1981 年，美国通用电气公司在"火神"M167A1 式 20 毫米 6 管高射炮的基础上，为沙特阿拉伯研制出"火神"突击队员式 20 毫米 6 管轮式自行高射炮，装备沙特阿拉伯陆军。同时，美国标准制造公司研制出"火神"神剑式 20 毫米 6 管自行高射炮，战斗全重仅为 5443 千克，1984 年进行了部队使用试验，显示出突出的快速放列和灵活射击能力。

"火神" 20 毫米 6 管自行高射炮的火控系统，是美国于 1954 年开始研制的，主要包括 AN/VPS－2 式测距雷达、M61 式陀螺稳定提前量计算瞄准具和火控计算机。AN/VPS－2 式测距雷达采用相干脉冲多

"火神" 20 毫米 6 管自行高射炮

普勒体制，工作在 X 波段，有 6 个不同的发射频率，在 200～5000 米距离范围内可自动搜索和跟踪目标，雷达可跟踪速度为 15～308.5 米/秒的飞机，在 4000 米距离上对反射面积为 1 平方米的目标发现概率为 99.5%。M61 式瞄准具由瞄准镜、电磁陀螺装置、控制手柄、高射炮高低角电位计等组成，瞄准镜光轴线与炮膛轴线平行，镜内的光环图像由两个同心圆环（外环直径 60 密位，内环直径 15 密位）组成，并由陀螺稳定。火控计算机为机电模拟式，后经改进，用数字式微处理机取代。

1979 年，美国艾里斯公司为伊朗皇家陆军研制出"鹰"式 35 毫米双管自行高射炮。该炮未配雷达，但在设计上可加装雷达火控系统，或者加装红外、电视等光电火控系统。光学瞄准具具备测距功能，可安装在炮塔上，由操作人员在炮塔内操作使用，也可拆下来架设在炮车 100 米范围内的任何位置实施遥控射击。因此，该炮的战术运用灵活，可以在 100 米以内选择最有利地形遥控高射炮实施射击。遥控射击可以避开烟尘、噪声、冲击波、火炮发射震动等不利因素的影响，在利用瞄准具跟踪目标时更加平稳、精确。该炮发射榴弹最大初速 1175 米/秒，有效射程 4000 米，高低射界 $-8°$～$+80°$，方向射界 $360°$，射速 1200 发/分，战斗全重 14500 千克。

"吉麦格"-25 式 25 毫米 5 管高射炮，是美国于 20 世纪 80 年代研制的 25 毫米 5 管牵引高射炮，1981 年定型，利用 GAU-12/U 式 25 毫米航空炮研制而成，具有全天候作战能力，用于射击低空目标和地面轻型装甲目标。5 根炮管以加特林转管方式工作，采用双路弹链供弹。基本型配用带数字处理机的光学瞄准具，改进型加装前视红外装置、激光测距机和雷达。配用曳光燃烧榴弹、脱壳穿甲弹、全膛穿甲弹和次口径弹药。初速 1097 米 / 秒，有效射程 1100 米，方向射界 360°，高低射界 –5°～+80°，射速 1000 发 / 分或 1200 发 / 分，战斗全重 1814 千克。该炮结构紧凑，重心低，射击时稳定性好，比"火神"20 毫米 6 管高射炮毁伤威力大，可与"毒刺"便携式地空导弹结合，构成弹炮结合防空武器系统。

补足弱项——法国研制的小口径高射炮

20世纪50年代末期,法国军队缺少性能较好的低空防御武器。为满足陆军作战需求,法国军方开始研制新型的小口径高射炮。到80年代,已经研制出十几个型号,有牵引式的,也有自行式的。有的装备法国陆军,有的仅供出口,生产数量不多,对外销量不大。其中有几个型号,仅生产出样炮,并未正式投产。

AMX-13DCA式30毫米双管自行高射炮,是法国武器研究与制造局于20世纪50年代末期,与法国和瑞士的几家公司合作,开始研制的30毫米双管自行高射炮,1964年制成样炮,1968年装备法国陆军,主要用于军师战斗地域重点目标的防空。该炮由30毫米自动炮、炮塔、雷达火控系统和AMX-13轻型坦克底盘组成。火控系统包括"黑眼"雷达、机电模拟式计算机、光学瞄准具和电控装置。配用燃烧榴弹、曳光燃烧榴弹、穿甲燃烧榴弹。初速1080米/秒,最大射程10200米,有效射程3300米,有效射高2000米,方向射界360°,高低射界-8°~+85°,理论射速2×650发/分,战斗全重17200千克。"黑眼"雷达搜索距离15000米、跟踪距离9000米。携弹量600发,战斗全重17000千克,最大时速60千米,最大行程300千米,乘员3人。60年代末期,改用AMX-30坦克底盘,成为AMX-30DCA式30毫米双管自行高射炮。

20世纪70年代初,法国对AMX-30DCA式30

毫米双管自行高射炮进行了改进，但该炮未被法国陆军采用。1975年，沙特阿拉伯与法国汤姆逊公司合作，进一步改进AMX-30DCA式30毫米双管自行高射炮，定名为AMX-30SA式30毫米双管自行高射炮，70年代后期装备法国陆军和沙特阿拉伯军队，主要用于掩护战斗部队的先头分队和重点目标的机动防空。该炮是在AMX-13DCA式30毫米双管自行高射炮的基础上改进而成的，仍采用AMX-30中型坦克底盘，换用"绿眼"雷达和TG230A炮塔，具有三防能力，配有红外驾驶仪。该炮性能与AMX-13DCA式30毫米双管自行高射炮相同，只是配用了不同的雷达和车辆底盘。雷达跟踪距离10000米，携弹量1500发，战斗全重35000千克，最大时速65千米，最大

M3-VDA式 20毫米双管自行高射炮

行程 650 千米。

M3-VDA 式 20 毫米双管自行高射炮，是法国于 1971 年开始研制的 20 毫米双管自行高射炮，用于射击低空、超低空飞机和地面目标，1976 年装备法军，主要供出口。采用轮式装甲车底盘和单人封闭式炮塔，具有三防能力。火控设备包括搜索雷达、光学计算瞄准装置、辅助光学瞄准具。配用燃烧榴弹、穿甲爆破弹、穿甲燃烧弹。初速 1050 米/秒，最大射程 7200 米，有效射程 1800 米，有效射高 800 米，方向射界 360°，高低射界 $-5° \sim +85°$，理论射速 2×1000 发/分。命中概率 30% $\sim$ 50%，系统反应时间 5 秒，行军战斗转换时间 1 分钟，战斗全重 7200 千克，乘员 3 人。

"桑托尔" 20 毫米双管高射炮，是法国为加强坦克和步兵的自卫防空能力，于 20 世纪 70 年代开始研制的 20 毫米双管牵引式高射炮。法国称其为 76T1 式，80 年代初投产，主要用于出口，既可对付空中目标，又可杀伤地面目标。该炮构造简单，结实可靠。采用两门 M693（F2）式 20 毫米自动炮，炮上装简易光学瞄准具。配用与 53T2 式 20 毫米高射炮相同的弹药。榴弹初速 1050 米/秒、脱壳穿甲弹初速 1300 米/秒，最大射程 7000 米，有效射程 1500 $\sim$ 2000 米，方向射界 360°，高低射界 $-8° \sim +85°$，理论射速 2×900 发/分。行军战斗转换时间 2 分钟，战斗全重 914 千克。炮班 3 人，采用吉普车或小型卡车牵引。

"塔拉斯克" 53T2 式 20 毫米高射炮，是法国地面武器工业集团于 1973 年开始研制的 20 毫米牵引式高射炮，1982 年装备法国陆军，用于攻击低空直升机、固定翼飞机和地面目标。该炮结构简单，操作方便，机动性好，可用直升机吊运或装运。采用 1 门 M693（F2）式 20 毫米自动炮，瞄准具包括对空中目标和地面目标射击的两个瞄准镜。配用燃烧榴弹、曳光燃烧榴弹和脱壳穿甲弹。榴弹初速 1050 米／秒、脱壳穿甲弹初速 1293 米／秒，最大射程 7000 米，有效射程 1500～2000 米，方向射界 360°，高低射界 -8°～+83°，战斗射速 200 发／分，行军战斗转换时间 15 秒，战斗全重 600 千克，采用卡车牵引。

TA-25 式 25 毫米双管自行高射炮，是法国于 20 世纪 80 年代与瑞士联合研制的 25 毫米双管自行高射炮，1985 年制成样炮，用于射击低空和超低空目标和地面目标。该炮由 TA-25 式炮塔、KBB 式 25 毫米自动炮、VAB 装甲车底盘、火控设备和弹药组成。火控设备包括雷达和"炮王"微型计算瞄准装置。配用燃烧榴弹、反导弹脱壳弹、曳光脱壳穿甲弹。初速 1160 米／秒，有效射程 1800 米，有效射高 1000 米，方向射界 360°。高低射界 -7°～+80°，射速 1600 发／分，战斗全重 15000 千克。最大时速 90 千米，最大行程 1000 千米。

此外，法国还研制了 76T2 式 20 毫米双管高射炮、M3-VDA 式 20 毫米双管自行高射炮、"西拉" 20 毫米双管自行高射炮、"军刀" 30 毫米双管自行高射炮等型号。60 年代末期，法国汤姆逊无线电公司还曾经研制试验过"标枪"多管防空火箭炮。

造价高昂
——德国"猎豹"35毫米自行高射炮

1945年以前，德国在研制专用高射炮方面始终处于领先地位。至第二次世界大战初期，德国研制出M1930式20毫米自动高射炮、M1936式37毫米自动高射炮、M1936式88毫米高射炮、M1938式105毫米高射炮。1945年5月法西斯德国无条件投降，德军覆灭，德国兵工厂被摧毁，并被禁止发展军火工业，失去了研制生产高射炮的外部条件。1955年联邦德国重建陆军后，大量装备了美国M42式40毫米双管自行高射炮。直到20世纪60年代以后，德国才自行研制或与别国联合研制出多种口径的高射炮，主要是自行式的，也有牵引式的，其中最著名的有MK20Rh202式20毫米双管高射炮、"野猫"30毫米双管自行高射炮、"龙"30毫米双管自行高射炮、"猎豹"35毫米双管自行高射炮。其中，设备最齐全、性能最优、造价最高的是"猎豹"35毫米双管自行高射炮。

"猎豹"35毫米双管自行高射炮，由联邦德国西门子-阿尔卑斯公司与瑞士厄利空-康特拉夫斯公司联合研制，1965年提出设计方案，1966年试制成样炮，1968—1969年进行多项试验和实弹射击，1971年小批量生产，研制周期历时6年。1976年12月正式装备联邦德国陆军，1977年装备比利时陆军。后来，荷兰和一些中东国家购买并装备了此型高射炮。

该炮燃烧榴弹的初速1175米/秒，最大射程

12800米，有效射程4000米，最大射高6000米，有效射高3000米；炮身长4185毫米，是口径的90倍；高低射界-5°～+85°，方向射界360°；高低瞄准速度42.9°/秒，方向瞄准速度搜索时91.6°/秒，跟踪时56°/秒。理论射速2×550发/分，战斗全重46300千克，弹药携行量680发。

整个武器系统由两门KDA-L/R04式双管自动炮、火控系统、炮塔和经过改进的"豹"-1坦克车体组成。火控系统包括MPDR12搜索雷达、MPDR12/4跟踪雷达、计算机、光学瞄准具和TDC红外测角仪，有的还配有LEM3/3激光测距机。搜索雷达采用全相干脉冲多普勒体制，作用距离15千米，方向扫描范围360°，仰角扫描范围50°，可接收远程

"猎豹"35毫米双管自行高射炮

雷达的信息。跟踪雷达采用单脉冲多普勒体制，可同时跟踪多个目标，作用距离 0.3～15 千米，方位扫描范围 200°，仰角扫描范围 -10°～+85°。两种雷达都能行进间工作。计算机为微型全晶体管化的机电模拟计算机。光学瞄准具为独立瞄准线式潜望瞄准镜，对空放大倍率 1.5 倍、对地放大倍率 6 倍，对空视场 50°、对地视场 12.5°。红外测角仪作用距离 10 千米，方位视场 3°。激光测距机作用距离 0.4～10 千米，测距精度 ±2.5 米。

炮塔是锻造的，全重 14 吨，可以配装在多种坦克底盘上。炮管装在炮塔两侧，可以防止火药燃气进入车内。位于炮塔吊篮内的两个弹药箱，各装 320 发对空射击用弹，两个外弹舱各装 20 发穿甲弹。采用"豹"-1 坦克底盘和车体，使用了两层装甲之间有一定间隔的装甲。

车内装有导航仪、水平自动测量仪、三防（防核、防化学、防生物武器）设备、红外观察仪、红外驾驶仪等。由于炮上各部电力需求不同，配用了 5 种供电电路。配用燃烧榴弹、曳光燃烧榴弹、穿甲燃烧爆破弹、曳光穿甲燃烧弹和曳光脱壳穿甲弹共 5 种弹药。

"猎豹"自行高射炮的特点是：自动化程度高，乘员 3 人，必要时可由 1 人操纵射击；反应速度快，一般为 6～8 秒，最快可达 5.5 秒；命中毁歼概率高，单发命中毁歼概率为 50%；抗干扰能力强，有雷达、光电、光学三套火控系统，在不同干扰条件下，可交替运用；战场机动性好，越野速度可达 40 千米/小时，能紧跟坦克、摩托化步兵、炮兵行动；战场生存力强，能独立作战和全天候作战，具有较强的三防和装甲防护能力，能在核条件下长时间作战。

在20世纪80年代，"猎豹"35毫米双管自行高射炮是世界上战术技术性能最先进的高射炮，但结构复杂，维修保养困难，不能行进间射击，不便于空运，而且造价太高。1987年，"猎豹"自行高射炮售价高达346万美元，其性价比远不如瑞士、英国同类型的自行高射炮。根据有关报道，英国"神枪手"35毫米双管自行高射炮的售价，不到德国"猎豹"35毫米双管自行高射炮的一半。"猎豹"自行高射炮如此高昂的售价，令多数国家用不起。因此，1980年该炮停止生产，德国开始了"猎豹"-2高射炮和"野猫"30毫米双管自行高射炮的研制工作，以降低高射炮的造价，取得销售方面的优势。

"猎豹"35毫米双管自行高射炮

性优价廉——英国研制的小口径高射炮

第二次世界大战前，英军缺少一种性能良好的小口径高射炮。经过比较，从瑞典博福斯公司订购了100门M/36L/60式40毫米高射炮和大量弹药。之后不久，英国从瑞典获得40毫米高射炮的生产许可权，开始为本国生产定名为MK1式的40毫米高射炮，同时很快打开销路，向印度、巴基斯坦、南斯拉夫和塞浦路斯等多个国家出口。这种40毫米高射炮采用立楔式炮闩，用弹夹人工供弹。早期采用箱形结构炮架，后改为管式结构炮架。射击时，通常卸下炮车轮，由炮架两侧和炮脚上的4个千斤顶支撑火炮。配用指挥仪和简易光学瞄准具，手控操作瞄准。发射穿甲弹和榴弹，初速853米/秒，最大射程4750米，有效射高2560米，理论射速120发/分，实际射速60发/分。高低射界-10°～+90°，方向射界360°。行军全重2288千克，战斗全重2034千克。采用卡车牵引，炮班4～6人。该炮在第二次世界大战中是英军主要的防空武器，曾装备多年。1950年该炮由L/70式40毫米高射炮取代。

20世纪80年代初，英国马可尼公司通过广泛调查，发现许多国家尚未装备现代自行高射炮系统，而德国研制的"猎豹"35毫米自行高射炮虽然性能优良，但价格昂贵，一般国家难以承受。于是，马可尼公司1983年开始研制新型的35毫米双管自行高射炮。对于新研制的高射炮，要求具备全天候作战能力，性能与"猎豹"相近，但价格应低于"猎豹"的一半。

该公司按照这个设想，1985制成样炮，1986年完成研制工作，定型为"神枪手"（又称"神射手"）35毫米双管自行高射炮，用于掩护机械化部队，抗击低空飞机和武装直升机的攻击。该炮由35毫米双管自动炮、搜索和跟踪雷达、固定式或陀螺稳定式光学瞄准具、数字式火控计算机、炮塔、坦克底盘组成，可安装在多种坦克底盘上。火控系统是全自动化的，全系统反应时间仅为6秒。除改进的供弹、输弹系统和润滑系统外，其余与德国的"猎豹"35毫米自行高射炮相同。使用瑞士厄利空公司生产的35毫米高射炮弹药，包括燃烧榴弹、曳光燃烧榴弹、曳光穿甲燃烧榴弹和曳光脱壳穿甲弹。该炮燃烧榴弹的

"神射手"35毫米双管自行高射炮

初速 1175 米/秒，脱壳穿甲弹的初速 1385 米/秒，有效射程 4000 米，有效射高 3000 米；炮身长 4740 毫米，身管长 3150 毫米；高低射界 -10°～+85°，方向射界 360°；高低瞄准速度 60°/秒，方向瞄准速度搜索时 90°/秒。理论射速 2×550 发/分，弹药携行量 500 发，乘员 3 人。该炮尽量采用成熟的高射炮部件和现役坦克炮塔，性能较好，但造价不足"猎豹" 35 毫米自行高射炮的一半，在国际市场上颇具竞争力。

此外，英国还研制了其他型号的小口径高射炮。例如，GCF-BM2 式 30 毫米双管高射炮，是英国利用瑞士厄利空 GCM 式双管舰炮研制而成的 30 毫米双管牵引高射炮，曾经装备阿拉伯联合酋长国军队，主要用于机场防空。该炮采用 4 轮拖车作为机动发射平台，火炮装在底盘中部基座上，四周配踏板。炮手位于火炮右侧，有装甲防护。火炮配装陀螺稳定光学瞄准具，配用燃烧榴弹、曳光燃烧榴弹、穿甲燃烧榴弹，初速 1080 米/秒，有效射程 3000 米，方向射界 360°，高低射界 -15°～+80°，理论射速 1300 发/分，采用卡车牵引，战斗全重 5492 千克，炮上 1 人操作。

英国于 1970 年研制成"猎鹰" 30 毫米双管自行高射炮，主要用于对付低空飞机、武装直升机和地面轻型装甲目标。全炮由火炮、炮塔、底盘、火控设备组成。火炮为 KCB 式双管联装的自动炮，安装在摇架上，摇架外部配有装甲板。采用电击发方式，可以单发射击或连发射击。炮塔为钢板焊接结构，可防榴弹和炮弹破片袭击。底盘采用阿伯特自行火炮底盘。火控系统由双向稳定瞄准装置、简易火控计算机和潜望式瞄准镜等组成。该炮采用双向稳定器，能在行进中瞄准射击地面目标或慢速飞行的空中目标。配用燃烧榴弹、曳光燃烧榴弹、曳光被帽穿甲燃烧弹、穿甲燃烧弹、训练弹和曳光训练弹，初速1080米/秒，有效射程3300米，有效射高2000米，方向射界360°，高低射界-10°～+85°，理论射速1300发/分，战斗全重15850千克。

多国引进
——瑞典"博福斯"40毫米高射炮

瑞典研制的40毫米高射炮在世界多国享有盛誉，有50多个国家的军队中装备过L/70式40毫米高射炮，有的国家到21世纪初期还在使用，还有十几个国家仿制生产L/60式40毫米高射炮。因此，瑞典40毫米高射炮成为装备最广泛的小口径高射炮。

在第二次世界大战中，瑞典研制的L/60式40毫米高射炮结构简单、性能可靠、操作简便，各参战国和受到战争影响的国家都曾经大量引进或仿制。战后，瑞典吸收德国、瑞士等国家的火炮制造技术，对

"博福斯"L/70式40毫米高射炮

L/60 式 40 毫米高射炮进行全面改进，研制出性能更好的 L/70 式 40 毫米高射炮。

该炮装备瑞典陆军和出口后，很快就成为 20 世纪 50 年代北约国家军队的制式防空武器，50 多个国家引进和装备了这种高射炮。一些国家还将此炮改装成舰炮。按 20 世纪 80 年代末美元价，每门炮为 24.9 万美元。引进这种高射炮后，有的国家对其进行了改进，命名也不一样。例如，法国命名为 51-T1 式 40 毫米高射炮，英国称为 40/70 式 40 毫米高射炮，联邦德国称为 L/70 式 40 毫米高射炮，意大利经改进后称"布雷达"L/70 式 40 毫米高射炮。

"布雷达"L/70 式 40 毫米双管高射炮是瑞典博福斯公司设计，由意大利布雷达机械公司获许生产。意大利先与瑞典研制生产 L/70 式 40 毫米双管舰炮，后又改进出 L/70 式 40 毫米双管高射炮，又称"卫士"40 毫米双管高射炮，1962 年装备意大利军队，用于掩护重要目标和野战部队。主要改进是研制了自动供弹装置，更换了高低起落部分的一些零部件，提高了发射速度。初速可达 1200 米/秒，最大射程 12500 米，有效射程 4000 米，最大射高 8700 米。利用光学瞄准具射击有效射高 1000 米，利用雷达诸元瞄准射击有效射高 3000 米，方向射界 360°，高低射界 -5°～+85°，理论射速 300 发/分，战斗全重 5300 千克。改进后的 L/70 光电火控系统主要由光学瞄准具、激光测距机和计算机组成。其中，光学瞄准具包括 1 部昼用单目瞄准镜和 1 部被动式微光夜视瞄准镜，星光条件下侦察时作用距离 7 千米；火控计算机计算目标速度分量并控制瞄准，根据雷达测出的距离和角跟踪误差计算高低角和方向角速度。光电火控系统采用间歇式工作方式，射击时暂停对目标的跟踪和测距，而火控计算机依然连续提供射击提前量。射击停止时，火控系统恢复跟踪和测距，炮身返回到跟踪目标的位置上。跟踪雷达为单脉冲体制，接收机有动目标显示装置，有捷变频率和带目标指示的固定频率两种工作方式。跟踪雷达根据光电火控系统传送来的数据识别、捕获和跟踪目标，把目标的距离和方位角信息送往光电火控系统。

"博福斯" 40 毫米高射炮武器系统是瑞典 40 毫米高射炮的第三代产品，20 世纪 60 年代末由 L/70 式 40 毫米高射炮改进而成，有晴天型和全天候型两种：前者配用光电火控系统，1976 年投产，按 1987 年美元价，每门为 89.6 万美元；后者配用雷达火控系统，于 1979 年投产，按 1987 年美元价，每门为 123 万美元。该炮的一个武器系统就构成一个火力单位，可以独立作战，主要用于掩护前方、后方地域的重要点目标和行军纵队，对付近距离低空与超低空目标。该炮可与 RBS-70 式便携式地空导弹混合编组使用。它除配用普通榴弹、穿甲弹、脱壳穿甲弹外，还配用新研制的带近炸引信的预制破片弹和薄壁榴弹，从而大幅提高了这种高射炮的战斗效能。该炮初速 1025 米/秒，最大射程 12500 米，有效射程 3700 米，有效射高 3000 米，方向射界 360°，高低射界 -4°～+90°，理论射速 300 发/分，单发命中概率 1.5%，毁歼概率 90%，战斗全重 5700 千克，由卡车牵引。

博福斯"特里尼蒂"40毫米自行高射炮，是瑞典于1981年开始研制的"三位一体"的40毫米单管自行高射炮，1989年投产，用于对快速飞机、直升机和导弹射击。该炮将火炮、火控系统（包括跟踪雷达、火控计算机、昼夜光学瞄准具、激光测距机、红外跟踪仪，陀螺传感系统等）和弹药配装在一辆轮式或履带式车辆上，构成"三位一体"自行高射炮系统。火控系统可与中央搜索雷达连接使用，也可加装搜索雷达，成为完全自主作战的防空武器系统。该炮可使用预制玻片弹、薄壁榴弹、脱壳穿甲弹，也可发射老式40毫米高射炮弹。初速1020～1050米/秒，对飞机射击的有效射程6000米，对巡航导弹射击的有效射程3000米，方向射界360°，高低射界－20°～+80°，理论射速330发/分，战斗全重约13吨，最大时速100千米，行程780千米，乘员3人。

20世纪90年代，瑞典又研制出LVKV CV90式40毫米自行高射炮，1993年装备瑞典陆军。该炮主要是改进了雷达和火控系统，具有全天候全天时作战能力。

自行之首
——口径最大的76毫米自行高射炮

地空导弹出现后,许多国家停止研制大中口径高射炮,着力改进原有的小口径高射炮,并研制新型号的多管小口径高射炮,同时发展地空导弹与高射炮结为一体的"弹炮合一"防空武器系统。只有中国于20世纪六七十年代研制了新式的85毫米中口径高射炮,意大利于80年代研制了76毫米中口径高射炮。这个异乎寻常的新举措有其各自的考虑。中国当时的高射炮部队装备了相当数量的100毫米中口径高射炮,在地空导弹数量不足的情况下,中口径高射炮对付来自中高空的空袭兵器还是有效和可靠的。但这种高射炮过于笨重,机动性差,不适于野战防空使用。但是,意大利为什么也要研制新型的中口径高射炮呢?

意大利军方认为:在现代战场上,飞机对前方地域多以低空进入方式对坦克部队和机械化部队实施攻击;飞机飞行高度低,速度快,前后编队间隔时间小、飞临时间短,难以提前发现;飞机发射火箭、导弹和投掷炸弹的距离远,对地面部队威胁增大;反坦克武装直升机可以空运步兵着陆,也可以使用机载武器实施反坦克作战,发射反坦克导弹的距离较远,还能避开雷达的监视,隐蔽地接近被攻击的目标;有些飞机和直升机上的某些部位的装甲增厚,已有的小口径高射炮难以对付它。为有效地对付上述目标,需要一种性能更好的中口径高射炮。于是,意大利奥托·梅拉拉公司研制了"奥托马蒂克"76毫米自行高射炮系统，计划装备陆军坦克部队和机械化部队，用于应对低空飞机和武装直升机。

这种自行高射炮武器系统由 76 毫米高射炮（配有稳定装置）、全焊接的钢质炮塔、火控系统、车体和弹药组成。该炮由 76/62 舰炮改进而成，最大射速提高到 120 发/分，可以用 5 发或 6 发点射方式进行射击，有利于攻击低空进袭的飞机和武装直升机。火控系统包括搜索雷达、跟踪雷达、光学瞄准具、两台计算机（一台可同时跟踪 4 个目标，另一台备用）、敌我识别器、激光测距机和控制台。弹药系列包括带近炸引信或着发引信的榴弹、带近炸引信的预制破片弹、尾翼稳定脱壳穿甲弹等。整个系统全部

"奥托马蒂克" 76 毫米自行高射炮

安装在履带式车辆底盘上，可以采用意大利"帕尔玛利亚"155毫米自行榴弹炮底盘，也可以采用德国"豹"-1、"豹"-2坦克和美国M1坦克底盘。炮塔顶部装有1挺7.62毫米机枪，炮塔两侧各安装3个发烟弹发射装置，炮塔内有车辆导航仪、三防装置、灭火器和辅助涡轮发动机。车长控制台上配两台电视机（彩色、黑白各1台），用于显示目标图像和各种数据。

这种高射炮是20世纪末期世界上研制成功的口径最大的自行高射炮。它的有效射程对空中目标为6000米，对地面目标为1500米，有效射高可达5000米，高低瞄准速度45°/秒，方向瞄准速度70°/秒，系统反应时间6秒，弹药携行量100发，在公路上行军速度可达65千米/小时，最大行程500千米，涉水深度1.2米，最大爬坡度31°。从这些性能数据看，这种高射炮非常适用于野战防空。

性能优越——第一种全天候全自动多管自行高射炮

在 20 世纪五六十年代美苏两个超级大国的军备竞赛中，美国曾一度放弃高射炮的研制，苏联则始终重视高射炮的研制工作。苏联于 1949 年研制出 100 毫米中口径高射炮，机动性差，弹丸初速低、飞行时间长；1950 年研制出 57 毫米小口径高射炮，该炮不能在行进中射击，不能全天候作战。1955 年苏联国土防空军又装备了 130 毫米大口径高射炮，该炮更加笨重，弹丸飞行速度和发射速度慢。50 年代中期，苏联完成中高空地空导弹的研制并装备部队后，停止发展大中口径高射炮，但对小口径高射炮的研制仍然十分重视，从未停步。1957 年苏军装备 ZSU-57 毫米双管自行高射炮，1960 年装备 S-60 式 57 毫米牵引高射炮，同时研制了 23 毫米多管高射炮。1961 年苏联陆军装备了 ZSU-23-2 式双管高射炮，1965 年又装备了 ZSU-23-4 式 23 毫米 4 管自行高射炮。

ZSU-23-4 式 23 毫米 4 管自行高射炮是苏军装备的第一种全天候、全自动、多管联装的自行高射炮，也是当时世界上比较有代表性的自行高射炮。初速 970 米 / 秒，最大射程 7000 米，有效射程 2500 米，直射距离 900 米，最大射高 5100 米，有效射高 1500 米；身管长 1880 毫米，是口径的 80 倍；高低射界 -4°～+85°，方向射界 360°，高低瞄速 60° / 秒，方向瞄速 70° / 秒，高低瞄准加速度 35° / 平方秒，方向瞄准加速度 55° / 平方秒，理论射速 4×（850～1000）发 / 分，战斗射速 4×200 发 / 分；停止间射击毁歼概率33%，行进间射击毁歼概率28%；系统反应时间，有预警时为14秒，无预警时反应时间稍长；装有潜望式光学瞄准具、雷达火控系统、机电模拟式计算机；战斗全重19000千克，行军战斗转换时间5秒；供弹方式为弹链供弹，弹药基本携行量为2000发；乘员4名。这种高射炮经过多次改进，有多种改型，如ZSU-23-4B式、ZSU-23-4B1式、ZSU-23-4M式等。

ZSU-23-4式23毫米4管自行高射炮的结构和技术特点主要有：

（1）该炮由航炮改制而成，后坐力小，理论射速高。

（2）简化了雷达线路和结构，计算机坚固耐用，采用射线和瞄准线（高低和方向）两个稳定系统，解决了行进速度在25千米/小时以下、车体倾斜度不大于10°时的对空射击问题。

（3）车体设计合理，空间利用率大，底盘可以水陆两用，机动性能好。

（4）辅助设备齐全，车内装有导航仪、通话器、无线电台、夜视器材和灭火设备等。

该炮各个部件组配合理，整体性能良好，战术技术性能先进，适用于对坦克、摩托化步兵、轻便炮兵等高速机动的部队实施跟进掩护。在20世纪60年代至70年代，该炮被认为是"世界上最优秀的自行防空武器"。

ZSU-23-4式23毫米4管自行高射炮

现代防空"撒手锏"

防空利箭——地空导弹的问世及发展

高技术广泛用于作战飞机和巡航导弹的研制与生产，使空袭强度越来越烈、精度越来越高，能否防住和击退敌方的空袭，不仅关系到一次战争的胜负，也直接影响到一个国家的生死存亡。因此，发展防空武器及胜利实施反空袭作战，已经成为世界各国广泛关注的重要军事问题，并把新型的地空导弹放在防空武器发展之首，大力进行研制、开发或引进，以增强本国的防空实力。

地空导弹，顾名思义，是从地面发射攻击空中目标的导弹。配装在舰艇上的，称为舰空导弹。地空导弹和舰空导弹合称面空导弹，通常称为防空导弹，面空导弹的叫法则很少使用。在防空武器中，地空导弹是一个庞大的家族，自第二次世界大战后出现就受到军事界的极大重视，几十年来已发展出近百种型号，有近百个国家的军队装备了这类导弹。它不仅在射程、射高、单发命中率等方面具有高射炮无法比拟的优势，而且在反应速度、火力覆盖范围、打击威力等方面也是歼击机、直升机等难以企及的。它担负的使命是保卫国家领土和要地要点的空中安全，保卫作战部队和重要设施不受敌方空袭兵器的袭击。它在历次局部战争中的非凡表现，使它成为现代防空的"撒手锏"，是防空武器装备体系中后来居上的佼佼者。

地空导弹在遂行作战任务时，需要多种装备的参与配合，这些装备构成一个武器系统。这种武器系统，通常包括导弹（它是武器系统的主体）、目标搜索与指示系统（负责搜索、发现、识别、指示空中目标和测定目标坐标）、地面制导设备（将导弹导引至预定轨道使导弹与目标相遇，或在目标附近爆炸）、发射系统（将导弹发射出去）、各种专用技术设备（如电源、检测设备）。导弹由弹体、弹上制导设备、战斗部、推进装置和电源、气源等设备构成，其他设备都是根据导弹作战需要专门配套研制的。这种武器系统与高射炮系统相比，它射程远、射高大，反应时间短，飞行速度快，射击精度高，空中目标不易机动躲避。

地空导弹的分类方法很多，其中：按作战使用分，有国土防空导弹、野战防空导弹、舰艇防空导弹；按机动性能分，有固定式、半固定式和机动式，机动式又可以分为自行式、牵引式和便携式 3 种；按导弹的射高分，有高空、中空和低空之分；按导弹的射程分，有远程、中程、近程和超近程（短程）之分；按同一时间可以拦截目标的数量分，有单目标通道地空导弹和多目标通道（同时制导数枚导弹攻击数个目标）地空导弹；按使用时间分，有昼间使用的地空导弹和全天候全天时昼夜都可以使用的地空导弹。有些国家将最大射程大于 100 千米、射高达 30 千米的称为远程高空地空导弹；将最大射程为 20 ～ 100 千米、射高 0.05 ～ 20 千米的称为中程中空地空导弹；将最大射程小于 20 千米、射高在 0.015 ～ 10 千米的称为近程低空地空导弹；将射程 10 千米以下（有的国家规定为 6 千米以下）的称为超近程地空导弹。有不少地空导弹的作战半径、作战高度介于远、中、近程和高、中、低空之间，故也有将某些导弹称为中远程中高空地空导弹、中近程中低空地空导弹、近程中低空地空导弹等。

地空导弹问世的历史不长，但发展速度极为迅速。在第二次世界大战中德国开始研制地空导弹，到大战末期，已接近完成"龙胆草"和"蝴蝶"两种亚声速的地空导弹，以及"莱茵女儿"和"瀑布"两种超声速地空导弹的研制工作。美国也研制了"云雀""小兵"地空导弹，但都未投入使用大战便结束了。战后，美、苏、英、瑞士等国家在纳粹德国火箭和导弹技术研究的基础上，结合各自的国情，争相发展地空导弹武器，于 20 世纪 50 年代研制出第一代地

"波马克"地空导弹

空导弹并先后装备部队，用于要地防空，开启了防空作战的导弹时代。这时期的地空导弹，其作战半径为数十千米到百余千米，有的可达320千米（如美国的"波马克"地空导弹），主要为对付战略轰炸机、战略侦察机等高空高速目标，一般属于中远程中高空地空导弹。

第一代地空导弹有多个型号，如美国的"奈基"-Ⅰ、"奈基"-Ⅱ、"波马克""黄铜骑士"，苏联的萨姆-1、萨姆-2、萨姆-4、萨姆-5，英国的"雷鸟""警犬"，瑞士的"厄利空"等。这些地空导弹，多为中高空、中远程地空导弹，在越南战争和第三次中东战争中可以看见这些导弹的身影。其中，"警犬"是英国研制的半固定式全天候中高空地空导弹武器系统，采用全程半主动雷达寻的制导，最大速度为马赫数2.5，最大射程84千米，最大射高27千米，1964年装备部队，主要用于国土防空和固定阵地防空；萨姆-1，又称"吉德尔"，是苏联最早研制和装备的一种固定式全天候中程地空导弹系统，采用雷达跟踪和无线电指令导引，弹体为等直径的圆柱体，头部呈尖卵形，无尾翼，中部有4片弹翼，弹长12米，弹径700毫米，翼展2.4米，发射重量3000千克，作战半径32千米，作战高度20千米，战斗部为70千克的破片杀伤型，主要用于要地防空和国土防空；"厄利空"是瑞士早期研制装备的一种全天候中程中高空地空导弹武器系统，由导弹、跟踪雷达、制导雷达和6部双联装导弹发射架组成，弹长5.7米，弹径360毫米，翼展1.3米，作战半径可达30千米，作战高度 30 千米，用于要地防空和野战防空。早期的地空导弹都较为笨重，系统易受干扰，机动性能差，使用维护复杂，但是与高射炮等防空武器相比，优势相当明显。60 年代美国研制的"红眼"、苏联研制的萨姆-7 等便携式地空导弹，也都属于性能较好的第一代地空导弹。

20 世纪 60 年代，开始研制第二代地空导弹。其发展速度可以说是突飞猛进，大有完全取代高射炮的势头。在中高空、中远程导弹威胁下，作战飞机开始采取低空、超低空突防战术。与之相适应，这一阶段主要是改进已研制出的地空导弹，同时大力发展近程低空机动式地空导弹，能够攻击中低空、中远程和低空、近程目标的新一代地空导弹相继问世，共研制出了 40 多个地空导弹品种。例如，美国的"小檞树""霍克""毒刺"，苏联的萨姆-4、萨姆-6、萨姆-8、萨姆-14、萨姆-16，英国的"长剑""海狼""吹笛""标枪"，法国的"响尾蛇"，德法联合研制的"罗兰特"，瑞典的 RBS-70 等地空导弹，都属于第二代地空导弹。其中，"小檞树"代号 M1M-72，是美国在 AIM-9D 空空导弹基础上研制的一种全天候机动式低空近程地空导弹系统，包括导弹、发射装置和载车，1 辆车为 1 个火力单元，1 个连 12 个火力单元为 1 个建制单位，弹长 2.9 米，弹径 120 毫米，发射重量 86.2 千克，作战半径 5 千米，作战高度 2.5 千米，采用光学瞄准加红外寻的制导，主要用于野战防空，打击低空高速飞机和直升机；"罗兰特"是德国和法国联合研制的一种低空近程地空导弹系统，整个系统装在1辆履带式发射车上，每车可携带2枚导弹，弹长2.4米，弹径163毫米，发射重量63千克，作战半径可达6千米，作战高度可达4.5千米，采用光学或光电复合加无线电指令制导，主要用于野战防空；萨姆-8又称"壁虎"，是苏联研制的一种机动式低空近程全天候地空导弹系统，整个系统装在1辆两栖载车上，组成1个火力单元，每车携带12枚导弹（其中4枚处于待发状态），作战半径可达12千米，作战高度可达6.1千米，采用多功能雷达、光学跟踪加无线电指令复合制导，具有较强的抗地物杂波干扰和抗电子干扰的能力，用于拦截低空和超低空飞机及巡航导弹。第二代地空导弹普遍具有机动发

萨姆-4地空导弹

射能力，反应速度较快，导弹自动化程度较高，制导体制多样化。到70年代中期，地空导弹已发展成多个系列，有远程、中程、近程、超近程各种距离和高空、中空、低空各个空域配套的防空武器系统，基本形成了高中低、远中近全空域火力覆盖。越南战争期间，被防空部队击落的32架B-52轰炸机中，有29架是被地空导弹击落的；第四次中东战争中，以色列空军的低空、近程突防战术，迫使埃及在正面90千米、纵深30千米地域内配置了62个地空导弹营、200枚萨姆-7地空导弹和3000多门高射炮，在以色列损失的百架飞机中70%是被地面防空武器击落的。这些战例都显示出地空导弹在防空作战中的重要作用。

70年代中期，由于空袭兵器的迅速发展，空中威胁加大，促进了第三代地空导弹的研制，性能先进的新型号相继出现，有中高空中远程的，也有低空近程的。例如，美国的"爱国者""宙斯盾""毒刺"POST、"毒刺"RMP；苏联的萨姆-10、萨姆-11、萨姆-12、萨姆-15、萨姆-18；英国的"长剑"2000、"星光"；法国的SAMP-90、"西北风"；德国的MFS-2000；瑞典的RBS-90；日本的91式地空导弹。其中，萨姆-15又称"道尔"，是苏联为对付精确制导空袭兵器而研制的一种配有三坐标搜索雷达的机动式亚声速地空导弹系统，射程可达3000千米，命中精度152米，整个系统装在1辆履带车上，可在行进中搜索目标，提供25千米之内48个来袭目标的信息，停车后即可发射导弹，具有探测范围大、跟踪目标快、反应速度快、自动化程度高、射程和威力大、抗干扰能力强、命中精度高的特点；MFS-2000 是德国研制的一种新型中空远程地空导弹，采用初段惯性制导加指令制导、末段雷达导引头主动寻的的分段制导方式，具有反高性能作战飞机、反战术弹道导弹、反巡航导弹和抗电子干扰能力，能同时跟踪 100 个目标、攻击 20 个目标，作战半径可达 30 千米，作战高度可达 7.5 千米。这些第三代地空导弹，多采用数字式计算机、先进的软件系统和多功能相控阵雷达技术，具有较高的自动化水平，进一步提高了武器系统的可靠性、可用性、可维护性，提高了对付多目标和高速小型目标的能力及抗干扰能力。

第四代地空导弹出现于 20 世纪 80 年代。此时，作战飞机大量采用隐身技术，速度提高到马赫数 2 左右，机动能力和低空突防能力较强；战术弹道导弹和巡航导弹目标小、速度快，构成新威胁。为了具备防空和反导的能力，第四代地空导弹在兼顾低空基础上，注重全面发展，其代表型号包括美国的"毒刺"系列、"爱国者"系列、"霍克"改进型等，俄罗斯的"针"系列、弹炮结合的萨姆-19 和萨姆-22、自行式地空导弹系统萨姆-15M1 和萨姆-11 以及战略级地空导弹系统 S-300、S-350、S-400、S-500 等。法国的"西北风"改进型，英国的"星光"，以色列的"箭"-2，日本的 91 式"凯科"，意大利的"防空卫士"等地空导弹，也具备第四代地空导弹技术水平。这一代地空导弹由于采用相控阵雷达技术和先进微电子技术，能跟踪和攻击多个目标，在命中精度和作战效能方面有了显著提升。1991年海湾战争中，美军"爱国者"地空导弹多次拦截伊拉克"飞毛腿"战术弹道导弹，开创了地空导弹拦截战术弹道导弹的先河。现代空袭兵器的隐身性越来越好，隐身目标的雷达散射截面积（RCS）可达$0.01 \sim 0.1$平方米。高性能、高精度探测技术是应对隐身目标威胁的基础，一些现有的防空装备也具备发现和攻击隐身目标的能力。1999年科索沃战争中，南联盟地空导弹部队击落美制F-117A隐身飞机，打破了其不可战胜的神话。20世纪末期，世界上一流的地空导弹系统都采用了先进的总体设计技术，大都以通用化、模块化设计为指导思想，基于其成熟的气动外形，采用增加推力来实现快速换代和弹族化发展；以拦截更高、更远的目标为发展方向，通过对气动外形和动力系统不断优化，提高地空导弹末端速度和平均速度，降低制导系统的设计压力，拓展地空导弹的作战边界。为实现对远距离目标的高精度探测，先进的地空导弹系统往往采用大功率相控阵导引头技术，通过加大功率来提升对目标的探测距离，通过与引信一体化设计来实现设备的小型化。地空导弹系列的每一次升级，几乎都伴随着导引头精度和探测性能的提升。美国的"爱国者"地空导弹系列通过对弹上设备升级来实现作战能力提升，使得导弹兼具防空反导一体化功能。俄罗斯的S-300、S-400、S-500等地空导弹系统，通过无翼尾舵式气动布局实现较优的升阻比和高速飞行性能，利用大攻角飞行技术提升导弹可用过载能力。以色列的"箭"-2 地空导弹,在弹体上安装了 4 片可动翼片,充分借助空气动力学技术,强化对低高度目标的机动拦截能力。

进入 21 世纪,地空导弹已成为国土防空、要地防空、野战防空不可或缺的防御和威慑力量。地空导弹系统中的很多装备,都按照陆、海、空三军通用原则研制,一弹多用、功能模块通用,通过系统平台升级和导弹性能提升,实现了作战空域高中低、远中近覆盖和防空反导一体化能力提升。以智能化技术和手段应对复杂的战场环境,已然成为未来地空导弹发展的显著特征。通过研发完善智能化目标检测和干扰对抗技术、自主规划和自主决策技术、协同探测和协同制导技术、智能毁伤技术等,可以使单枚地空导弹拥

"箭"-2 地空导弹

有"高智商"的自主感知和决策能力，多枚导弹之间拥有高度自主协同作战能力，有效提升整个地空导弹系统的智能化作战水平。

　　防空武器大家族中的各类地空导弹，以其在战争中的出色表现，赢得了军事家们的青睐，以无可争辩的事实证明，它是一种十分有效的防空武器。有人认为，地空导弹的出现和使用，改变了空防斗争的格局，使空中战斗进入了一个崭新的阶段。但是地空导弹和其他多种有效的武器一样，有其长处，也有其短处。例如，它的作战死角大，易受电子、气象条件及红外光等干扰。因此，在地空导弹研究发展和列装使用时，还必须重视发展和使用高射炮等其他防空武器，使各种防空武器互为补充、扬长避短、相互协调，综合提高防空作战的整体效能。

利箭猎狼
——地空导弹怎样击毁空中目标

地空导弹射击，是防空兵指挥员及其指挥机关指挥所属地空导弹部队、分队，对来袭的空中目标发射导弹进行攻击的过程。在收到作战预先号令后，地空导弹部队立即进行战斗准备等级转换。指挥员根据情报判断空中情况，掌握重要目标的动态，及时定下射击决心，区分和下达射击任务，监督所属部队的战斗行动，组织协同动作和战斗保障。实施射击指挥时，要求指挥员准确判断敌情，灵活运用战术技术手段，合理选择射击目标，正确掌握发射时机，果断迅速下达射击命令，最大限度地发挥武器的战斗效能。

此时，接到作战命令的地空导弹分队，根据本分队作战任务和射击预案，选定射击方法、转移火力时机，明确协同规定，确认本分队导弹的发射区。地空导弹发射区，是地空导弹发射时能够保证导弹在杀伤区与目标遭遇的空域，其形状和参数与杀伤区及目标运动特性有关，通常以发射区远界、近界、高界、低界等特征参数表示。当目标做等速直线飞行时，可用向目标运动相反的方向平移杀伤区所有点的方法来确定发射区，各点移动距离等于导弹飞到该点的时间所对应的目标飞行距离。把目标做等速水平直线飞行时的导弹发射区、目标做机动飞行时的导弹发射区按同一比例画在同一张图上，重合部分就是导弹的可靠发射区。为了保证导弹与目标在杀伤区内遭遇，一般要求目标在进入可靠发射区内时发射导弹。

对于不同类型的地空导弹，其射击实施过程和具体操作要求各有不同。车载式地空导弹武器系统实施射击时，根据空情通报搜索与指示目标，对目标进行敌我识别，判断其威胁程度，选定目标并提供目标指示信号；跟踪制导雷达天线调转，在指定空域搜索、截获并跟踪目标，连续测量目标诸元；进行数据处理、射击参数计算，完成发射架调转和同步跟踪；进行导弹供电，对导弹有关部件加温、检测和一些状态参数的预置；正确选择发射时机，发射导弹并引导导弹飞行；在导弹飞到目标附近时，引信适时起爆战斗部摧毁目标；观察并判断射击效果，根据情况实施火力转移。射击实施是地空导弹射击中最紧张的阶段，对空射击时间短暂，稍有不慎就会贻误战机。但开始时间也不能太早，加电时间长会对导弹内部器件有损害，跟踪制导雷达过早开机会过早暴露，人员长时间的紧张操作会影响战斗力。射击实施的关键是缩短武器系统的反应时间。若地空导弹对特别重要的目标或对威胁较大的目标射击，则可采用集火射击。若空中只有一批目标，或虽有数批目标，但其间隔时间满足逐批射击条件，则根据需要也可采用集火射击。若多个目标同时出现在发射区内，即空中目标从不同方向来袭，或目标批次间隔时间短，不便集中火力逐批射击，则可采用分火射击。

具体到便携式地空导弹，大都是采用被动寻的制导方式，导弹发射后可以不用管，射击操作显得相对简单。便携式地空导弹在对飞行速度较快的目标射击时，采用尾追射击方式，亦称"尾追攻击"。此时，如果空中目标飞过航路捷径，则可对目标进行射击，这样射击效果较好，命中概率较高；但发射阵地必须离开防卫目标一定距离，以便在敌方空袭兵器尚未袭击己方目标之前，就将其击毁。这就需要在防卫目标周围部署更多的导弹。便携式地空导弹在空中目标未过航路捷径之前对其进行的射击，称为迎头射击，亦称"迎头攻击"，一般在对慢速目标射击时采用。采用这种攻击方式，可以在敌方空袭兵器尚未对地空导弹发射阵地和己方重要目标实施攻击前将其击毁，但命中率较低。

地空导弹射向敌机

核弹防空——配装核战斗部的"波马克"地空导弹

"波马克"地空导弹是美国空军第一代远程巡航地空导弹，代号CIM-10，主要用于区域防空，能拦截远距离的中空、高空飞机或巡航导弹，是美国20世纪50年代至60年代中期本土防空主要武器系统之一，其外形类似超声速歼击机。它是美国空军发展的唯一一种地空导弹系统，美军其他的地空导弹都是由陆军发展的，也是当时世界上射程最远的地空导弹系统，后来成为至今唯一一种配装核战斗部的地空导弹系统。

1944年，美国曾研制"云雀"和"小兵"两种地空导弹，用于对付日本的"神风"自杀飞机，但因技术不成熟而失败。第二次世界大战后期，德国为挽回败局和对付英、美轰炸机群，开始进行地空导弹的研究试验，设计出"龙胆草""莱茵女儿""蝴蝶""瀑布"等地空导弹，但未投入使用，纳粹德国即告覆灭。德国投降后，美、苏从战败的纳粹德国获得了地空导弹设计资料和实物，美国还俘虏了部分研究设计人员，从而开始有计划地研究和试制地空导弹。

20世纪40年代中期至60年代初，是第一代地空导弹的研制发展时期。这一时期的防空重点是抗击高空高速突防的战略轰炸机和战略侦察机，研制的地空导弹主要是中高空和中远程型，而美国的"波马克"地空导弹就是其中的典型代表。

1946年，波音公司开始为美国空军研制地空导弹。1949 年，波音公司按照美国空军的合同，发展一种采用冲压喷气发动机、配装核战斗部的远程地空导弹，主要用来防御苏联的高空远程轰炸机。1957 年 10 月，成功进行了第一枚带有制导系统的样弹试验。1957 年末，波音公司开始生产"波马克"A 型远程拦截导弹。1959 年 9 月，新泽西州的美国空军第 46 战

"波马克"地空导弹发射瞬间

术导弹中队接收首批"波马克"A型导弹，装备了第一个"波马克"A型地空导弹连。50年代中期，美国空军开始为"波马克"A型导弹研制固体燃料助推器，采用这种助推器的称为"波马克"B型导弹。1960年7月，"波马克"B型导弹第一次成功拦截了靶弹。因为固体燃料火箭助推器体积小，导弹能够装载更多的燃料，这使其射程增加到710千米。导引头采用脉冲多普勒技术的雷达导引头。"波马克"B型地空导弹都配备W-40核战斗部。1961年6月，第一个"波马克"B型地空导弹连完成部署，很快就取代了"波马克"A型地空导弹。

"波马克"地空导弹有三角形主翼，还有水平尾翼和垂直尾翼。"波马克"A型发射前需要2分钟左右时间加注液体燃料，由于液体燃料不稳定，在服役过程中多次发生事故。其中最严重的一起事故于1960年6月7日发生在新泽西州麦奎尔空军基地。当天该基地204号发射掩体内的一个氦气罐发生爆炸并引发大火，火灾持续了30分钟，所幸导弹上的W-40核弹头没被引爆，但外壳被烧毁，造成严重核泄漏。受沾染的区域，一直到2007年还没完全消除核污染。

"波马克"地空导弹采用无线电指令加主动雷达制导方式，导弹发射阵地与北美防空司令部联网，接受半自动地面管制系统指挥。当地空导弹被引导到距目标约16千米时，弹上雷达开机继续引导导弹飞向目标。在目标进入杀伤范围后，无线电引信起爆战斗部攻击目标。

"波马克"A型地空导弹长14.2米，B型长13.7米，翼展5.54米，弹体直径0.89米。A型弹重7020千克，最大速度为马赫数2.8，最大射程400千米，最大射高20千米，配装450千克高爆炸药战斗部或约1万吨当量的W-40核战斗部。B型弹重7250千克，最大速度为马赫数3，最大射程710千米，最大射高30千米，只配装W-40核战斗部。"波马克"地空导弹使用固定式发射阵地，阵地上构筑长方形的发射掩体，被戏称为"棺材"。接到发射命令后，掩体顶部打开，地空导弹起竖并加注燃料后才进入待发状态。

为应付预想中的苏联轰炸机的威胁，"波马克"地空导弹原计划装备40个中队，每个中队配备120枚导弹，共需要4800枚导弹，部署在全美国52个发射阵地。但由于计划的变动和预算的削减，至1964年停产时，只生产了269枚"波马克"A型和301枚"波马克"B型，共计570枚地空导弹。美国本土只部署了8个发射阵地，另外在加拿大有2个发射阵地。加拿大从1961年开始部署"波马克"地空导弹，但是由于"波马克"地空导弹可以配备核战斗部，此举在加拿大国内引起很大争议，甚至导致当年迪芬贝克政府下台。尽管"波马克"地空导弹是部署在加拿大国土上，但由于其指挥系统并入了北美防空体系，地空导弹特别是核弹头完全处在美军的管控之下。

"波马克"地空导弹的服役时间很短，A型1964年开始退役，B型于1969年12月开始退役，1972年4月最后一批"波马克"地空导弹退役。

技术成熟——遥控制导的早期地空导弹

遥控制导是地空导弹最早使用的制导技术，在多个型号地空导弹上得到应用。20世纪40年代初期德国的"莱茵女儿"地空导弹，50年代中期苏联的萨姆-2和美国的"奈基"-Ⅱ地空导弹，70年代德国和法国联合制成的"罗兰特"等地空导弹，都采用遥控制导的制导方式。

遥控制导是由设在地空导弹以外的制导站控制地空导弹飞向目标。根据所用装置的特点，遥控制导有指令制导和波束制导两种方式。指令制导主要是采用无线电指令制导，有线指令制导在地空导弹上已不再使用。

无线电指令制导，是利用目标和地空导弹观测跟踪设备，同时测量目标和地空导弹的位置及运动参数；制导计算机根据目标和导弹的运动状态信息，计算出导弹的位置与给定的理想弹道的偏差，并形成制导指令；经指令发射设备以无线电信号的形式送至地空导弹上，通过弹上制导设备，将地空导弹引向目标。无线电指令制导站采用快速的数字计算机，可以同时计算出控制几枚地空导弹所需的制导指令；采用无线电多路传输技术，指令发射机可以同时对数枚地空导弹发出指令；遥控制导保密性好，不易受敌方干扰。无线电指令制导设备能同时控制数枚地空导弹攻击同一目标，有效地攻击高速目标、机动目标、带干扰机的目标和低空目标，在制导站还能自动显示杀伤范围、导弹与目标预定遭遇点等。

波束制导有两种工作方式：单波束制导只用一部跟踪雷达，既跟踪目标又引导地空导弹，设备简单，但只能用重合法引导；双波束制导用一部雷达跟踪目标，测定目标的位置和运动参数并传送给制导计算机，制导计算机根据目标的数据及选用的导引方法，控制另一部雷达引导波束的光轴指向，使地空导弹在波束中飞行。双波束制导的设备较为复杂，可采用重合法、半前置法引导地空导弹。

实现遥控制导的重要环节，是遥控制导指令或导引波束指向的形成。在实施遥控制导时，以设于制导站内的由雷达或光学、电视等设备或它们的不同组合构成的跟踪测量装置，跟踪目标和地空导弹，并测量目标和地空导弹的运动参量。在制导站内，由专用数字计算机或专用模拟计算机构成的制导指令计算装置，根据跟踪测量装置测得的目标与地空导弹的相对运动参量、选定的导引规律、对制导过程的动态要求和对制导精度的要求，形成制导指令或控制导引波束，并由制导站内的发送设备发送到地空导弹。形成制导指令时，可用连续形式的微分方程组描述和计算，亦可用离散形式的差分方程组描述和计算。导引波束指向是根据制导站测得的目标运动参量形成的，它始终以波束中心指向目标，并形成等强信号线，地空导弹对目标的偏离就以它对等强信号线的偏离来度量。弹上接收设备根据收到的制导指令或者导引波束形成的偏差信号，经过信号变换和功率放大等环节处理后，由弹上控制执行装置（自动驾驶仪）内的操纵执行机构改变地空导弹的受力状态，以获得需要的横

"标准"-2舰空导弹发射瞬间

向加速度,从而改变地空导弹的飞行弹道,使其逐步逼近目标,直到满足引信与战斗部配合的最佳条件,引爆战斗部击毁目标。

与其他类型的制导方式相比,遥控制导可根据地空导弹与目标相对运动情况,控制地空导弹随时按照指令改变飞行轨迹,适用于攻击飞机和巡航导弹等活动目标;测量、计算、形成制导指令的装置置于制导站中,便于对制导过程的主要环节进行控制,使计算与形成的指令尽可能完善、合理,地空导弹则可以不断地优化飞行弹道,以使射程和精度等性能参数达到最优。对于采用遥控制导的地空导弹,弹上设备简单、成本低，在一定的射程范围内可获得较高的制导精度，但射程受限，制导精度随射程的增加而降低；除有线指令制导外，其他类型的遥控制导抗干扰能力较弱，受电子干扰和能见度影响较大，且不具备发射后不管的能力，对付多目标的能力也较差，需采用多种综合抗干扰措施来配合。因此，以遥控制导为中制导、寻的制导为末制导，就是一种常见的复合制导形式。例如，苏联20世纪60年代研制的萨姆-5地空导弹和80年代研制的萨姆-10地空导弹，美国"标准"-2舰空导弹等，都采用了中段无线电指令制导、末段寻的制导的复合制导方式。

制导精度是导弹武器系统的重要性能指标。在遥控制导中，影响地空导弹制导精度的是测量误差和控制误差。为满足遥控制导的精度要求，可采取的主要技术途径是：提高对目标和地空导弹运动参数的测量精度；合理地选择和设计导引规律，减少弹道的法向需用过载，从而减少地空导弹系统的动态误差；合理地设计控制回路，以减小控制误差。研制新型高精度的探测装置，如红外成像装置、激光雷达，应用现代控制理论优化制导技术和计算机技术等，设计性能更完善的制导系统，提高遥控制导的制导精度，都将成为遥控制导技术的发展方向。

仿生寻踪——红外制导的地空导弹

红外技术，是人类从蛇类等动物敏感红外线的现象得到灵感，利用仿生学的原理，开发出来的一项光学技术，广泛应用于导弹制导等军事技术领域。红外制导的地空导弹，是利用红外探测、跟踪技术获取目标和导弹的运动参数，引导地空导弹飞向目标。采用这种制导方式的地空导弹，制导精度高，攻击的隐蔽性好，命中率较高，但易受目标对红外光的散射和雨、雪、云、雾等气象条件，以及烟尘、阳光背景等空间环境的影响。

红外制导的地空导弹，有红外非成像制导和红外成像制导两种方式。红外非成像制导，又称红外点源寻的制导，是以红外导引头上的红外位标器（又称红外辐射计）探测目标辐射或反射的红外线，将导弹飞行方向与弹目连线产生的角速度和角坐标偏差信号，转换为控制信号传送给执行机构，控制导弹调整飞行姿态，使导弹按导引规律飞向目标。采用此种制导方式的地空导弹，可以发射后不管，其制导设备结构简单，成本相对低廉，角分辨率和制导精度高，攻击的隐蔽性好。但其制导系统获得的目标信息只是一个光点，在作战使用上受到限制。为提高抗干扰能力，采用近红外和中红外（或中红外和远红外）两种红外波段的复合制导，称为双色红外制导。

1948 年，美国海军武器中心开始发展红外点源寻的制导技术并制成"响尾蛇"空空导弹，1956 年 7 月配装在美国空军战斗机上。1960 年，美国研制成世界上第一种采用红外点源寻的制导的FIM-43"红眼"便携式地空导弹。上述采用红外点源寻的制导的导弹，均采用硫化铅光敏元件的红外导引头，工作在1~3微米的近红外波段，将喷气式战斗机的发动机作为点状红外辐射源，探测、捕获和跟踪发动机辐射的红外能量，实现对导弹的引导并毁伤目标。其制导装置较为简单，体积小，造价低，但只能对目标实施尾追攻击，机动性能差，受气象条件和阳光背景的影响大，作战使用受到限制。70年代中期，喷气式飞机飞行速度和机动性能的提高，以及红外诱饵等红外干扰技术的应用，使早期研制的红外点源寻的制导

红外制导的"毒刺"地空导弹发射瞬间

导弹的作战效能明显下降。为此，美、苏、英、法等国家先后研制成碲化铟或硒化铝光敏元件的红外导引头，工作在 3～5 微米的中红外波段，可以有效地探测和跟踪喷气式飞机发动机尾焰中的二氧化碳和金属表面热辐射的 4.4 微米波长的红外线，可以从目标前方和上方较大范围内实施攻击。此外，还改进了红外调制盘、跟踪装置和光电信号处理电路，提高了红外导引头的抗干扰能力、灵敏度和工作稳定性。采用红外点源寻的制导技术的典型导弹，有美国的"响尾蛇"改进型导弹、"小榭树"地空导弹、"红眼睛"地空导弹，法国的"西北风"地空导弹，以及苏联的萨姆－7 地空导弹等。

70 年代中期，一些国家开始发展红外成像制导技术，研制出工作波段为 3～5 微米的碲镉汞中红外多元线列与面阵红外探测器，并制成红外成像制导的地空导弹。红外成像制导有光机扫描红外成像制导和凝视红外焦平面阵列成像制导两种方式。其中，光机扫描红外成像制导的扫描方式有串扫、并扫和串并扫 3 种。光机扫描红外成像制导的地空导弹，利用红外成像接收设备，获取由于目标表面温度分布及热辐射的差异而形成的目标体"热图像"，以信息处理装置对目标图像进行处理与分析，并存储在计算机内。地空导弹在飞行中，对目标进行成像探测，并与发射前锁定的目标图像进行相关处理，确定导弹飞行弹道的偏差并形成控制指令，引导导弹飞向目标。光机扫描成像制导的地空导弹探测与攻击目标的距离可达 6 千米，在昼夜间有雾、烟尘及恶劣气象条件下均可以成功使用。但其成像制导系统结构复杂，体积大，对目标的分辨率低，制导精度差。

80年代初，美国、苏联等国家发展了工作波段为 8~12 微米的远红外凝视红外焦平面探测器和电子扫描成像制导技术。采用凝视红外焦平面阵列成像制导技术的导引头体积小，功耗小，抗干扰能力强，可发射后不管，比光机扫描红外成像的目标图像清晰度高，具有识别目标和抗干扰的能力，可全方位攻击目标，广泛应用在地空导弹、舰空导弹上。在成像制导时，红外导引头接收红外光的光学系统的焦平面上，配置多元面阵红外电荷耦合器件实现成像。红外成像器的焦平面阵列有 64×64 元、128×128 元、256×256 元、1024×1024 元等。其获取的图像是包含背景在内的目标景象信息，通常先进行预处理来提高画面质量，再进行目标识别和判定攻击部位。目标识别的过程，是按照统计学原理分析目标特征，将其与发射前锁定的目标图像进行相关模式识别处理，从目标背景的信息中获取与目标所在位置有关的制约条件，从而实现智能化的自适应识别处理。上述过程在制导中实时进行，对弹上制导计算机的要求比较高。凝视红外成像制导的灵敏度高，制导系统结构相对简单，体积小，功耗小，抗干扰能力强，具有智能目标识别能力，可发射后不管，已成为精确制导技术的发展方向之一，广泛应用在地空导弹、舰空导弹上。法国的"海响尾蛇"舰载防空导弹采用了红外成像制导技术。美国"战区高空区域防御系统"的拦截导弹，美国"大气层拦截计划"的动能拦截器，均采用了红外凝视成像制导技术。1981年,日本研制成红外凝视成像制导的"凯科"便携式地空导弹,1993年装备部队,迎头攻击和抗干扰能力强。

为提高地空导弹的作战效能,一些国家还发展了中红外和远红外两种红外波段复合运用的凝视成像制导技术,红外与紫外双色光学制导技术,以及红外与激光、毫米波的复合制导技术。美国的"毒刺"地空导弹、苏联的萨姆-13地空导弹等,采用了红外/紫外双模双色导引头。这种多模复合制导方式可以充分发挥各频段或各制导体制的优势,互相弥补不足,极大地提高了单一红外制导方式的地空导弹的抗干扰能力和作战效能。红外制导的地空导弹技术优势明显,装备数量最多,发展前途广阔。未来将进一步改进红外探测、跟踪器件和红外信息处理器件,以提高红外非成像制导的精度和抗干扰能力;采用新型光敏材料和新工艺,研制体积小、重量轻、成像质量好的红外器件,提高红外制导地空导弹的命中精度和全天候作战、全方位攻击、复杂条件下攻击目标的能力;提高地空导弹自主寻的、自动识别目标、自适应选择攻击位置的智能化水平;采用双波段红外制导和红外/紫外双色光学制导,将更广泛地与其他制导方式复合应用,以提高红外制导地空导弹的战场适应能力和抗干扰能力,具备精确攻击目标的效能。

扬强避弱——复合制导的地空导弹

为了提高地空导弹的命中率，抗击敌方电子干扰和外界自然条件干扰，在地空导弹飞行的同一阶段或不同阶段，有的采用两种或两种以上制导方式，有的采用不同频段组合的制导方式。综合运用多种制导方式实现对导弹飞行的导引，称为复合制导。与单一制导方式相比，复合制导增大了制导距离，提高了制导精度，增强了地空导弹的抗干扰能力，克服了单一制导方式的缺点，可以实现导弹整个飞行过程的全程制导。但是，复合制导系统结构比较复杂，弹上设备体积大，成本较高，因元器件多而降低了系统可靠性。因此，为满足战术要求，增加地空导弹的有效攻击距离，提高地空导弹的命中精度，通常把各种制导方式组合起来应用，即采用多种制导方式的复合制导。

萨姆-5地空导弹

复合制导按组合方式的不同，可分为串联复合制导、并联复合制导和串并联复合制导 3 种。复合制导设备一般都包括供每一种制导方式单独使用的设备，还包括供几种制导方式共用的设备，以及实现制导方式转换的设备。

复合制导是随着导弹制导技术的发展而产生的。20 世纪 50 年代，苏联的萨姆-5 地空导弹，美国的"波马克"地空导弹，均采用无线电指令加雷达主动寻的制导的复合制导方式。60 年代，法国的"响尾蛇"地空导弹采用红外制导加雷达制导的复合制导方式，瑞士和美国联合研制的"阿达茨"防空反坦克导弹采用指令制导加激光驾束制导的复合制导方式。随后，出现了半主动雷达寻的制导和主动雷达寻的制导技术，并提高了制导系统的抗干扰能力、低空拦截目标的能力和制导精度。红外制导、电视制导、激光制导、雷达主动寻的制导等制导方式成功用于地空导弹后，开始将数种制导技术复合应用。例如，苏联的萨姆-4 地空导弹采用无线电指令制导加半主动雷达寻的制导，使导弹既有无线电指令制导作用距离远的特点，又具有雷达自动寻的制导精度高的长处；法国"响尾蛇"TSE5000 地空导弹的弹道初段采用红外探测指令制导，中段以后采用雷达探测指令制导，当雷达探测受干扰时，还可采用电视探测指令制导，使系统具有较高的制导精度和较好的抗干扰性能。80 年代研发的新型导弹，采用了更为复杂的复合制导技术，如美国 MIM-104"爱国者"地空导弹，在制导初段采用程序自主制导，中段采用无线电指令制导，末段采用TVM制导。TVM制导实际上是"无线电指令制导"加"半主动雷达寻的制导"。这种复合制导技术不仅具有原来的几种制导方式串联运用的特点，而且还具有将一些制导方式并联运用的特点。由于地空导弹的末制导直接影响导弹的命中概率，因此在这一时期，各国高度重视复合末制导技术的研究，即将不同的敏感测量设备复合运用在同一地空导弹上形成"一弹多头"，如紫外导引头与红外导引头的复合等，以适应各种气候条件及在复杂的电子环境中作战的要求。

随着惯性器件、光电器件、微型计算机、信息处理和传输技术的发展，复合制导系统的小型化、低成本、高可靠性问题正逐步得到解决，复合制导将得到越来越广泛的应用。

MIM-104"爱国者"地空导弹

令人称道——TVM 制导的地空导弹

美国的"爱国者"地空导弹和俄罗斯的 S-300 地空导弹、"道尔"-M1 地空导弹等,末制导都采用了 TVM 制导。经过实战检验和训练中的验证,TVM 制导效果获得好评,因此引起多国的关注,一些新研制的地空导弹,也采用了这种制导方式,并进行了技术上的改进。

TVM 制导是无线电指令和半主动雷达寻的制导的结合体,是由制导站和地空导弹分别测量目标信息,在制导站综合处理后形成制导指令,控制地空导弹飞向目标的复合制导方式。TVM 制导系统由制导站与弹上制导设备组成。制导站一般为一部多功能相控阵雷达,在数字计算机控制下对目标与地空导弹进行跟踪和制导。弹上制导设备主要有半主动雷达寻的器、制导计算机、指令接收机和自动驾驶仪等。

地面制导站的多功能相控阵雷达向目标发射跟踪照射波束,并根据目标的反射信号测得目标的运动信息,地空导弹上的寻的器(无线电测向仪)接收经目标反射的回波信号,测量导弹与目标间的相对角偏差信息,通过 TVM 下行线发送给制导站的相控阵雷达,这时地空导弹实际上起着下行中继站的作用。同时,地面制导站相控阵雷达还向地空导弹发射跟踪波束,获得地空导弹的瞬时位置信息。因此,相控阵雷达的目标信息来自两个不同的途径:一是由雷达直接探测获得目标信息,二是通过地空导弹获得目标信息。制导计算机根据两次获得的目标信息和地空导弹位置信

"道尔"-M1 地空导弹

息,进行实时信息处理,滤除可能由于电子干扰所引起的误差,分别形成两个控制指令。制导计算机分析两个控制指令的可信度,对其进行加权处理,形成综合控制指令,经由地面指令发射机的指令上行线发送给地空导弹,控制地空导弹飞向目标。

这种制导方式的特点是:信号质量好,地空导弹越接近目标,信号越强,信噪比越大,精度越高;能充分发挥地面设备的作用,在抗干扰方面具有较强的处理能力和灵活性;既有半主动寻的制导的隐蔽性,又有无线电指令制导的潜在抗干扰性;弹上指令制导的设备比较简单,减少了弹上设备,制导精度不受导弹飞行距离的影响，提高了制导精度。其缺点是无线电信号通道多，受干扰的可能性较大；一旦制导站被毁，整个地空导弹系统将完全失去作战能力。

TVM制导方式的原理，在20世纪50年代就已经提出，直到70年代后期，随着弹上制导计算机技术和雷达技术的迅速发展，为增大地空导弹和舰空导弹的制导距离，提高制导精度，TVM制导技术才逐步得到发展，并应用于中高空、中远程的地空导弹和舰空导弹。在进一步提高雷达抗干扰技术和抗毁伤能力基础上，TVM制导将在地空导弹和其他导弹制导方面得到更广泛的应用。

各具其能——地空导弹的多种战斗部

地空导弹战斗部是导弹上用来直接摧毁和杀伤目标的装置，是地空导弹直接毁伤目标的有效载荷。地空导弹与目标交会过程中，当到达预定毁伤位置时，由引信发出起爆信号，控制战斗部起爆毁伤目标。战斗部由壳体、装填物和起爆传爆序列等组成。根据作用原理和用途，战斗部可以分为常规战斗部（装填普通炸药）和核战斗部（核装药）。常规战斗部有爆破战斗部、杀伤战斗部、聚能战斗部等；核战斗部主要是原子弹头，即核弹头。地空导弹一般使用常规战斗部。

常规战斗部装填高能炸药，利用炸药爆炸时释放的化学能毁伤目标。炸药爆炸时，在很短的时间内（约0.1秒）产生高温（3000～5000℃）、高压（20～30GPa）气体，并迅速膨胀挤压周围介质，形成爆炸冲击波，带有很大动能的破片和其他飞散物。按毁伤机理，战斗部可以分为杀伤战斗部、爆破战斗部、聚能战斗部和综合作用战斗部等。

（1）爆破战斗部是利用炸药爆炸时的生成物和形成的冲击波作为主要毁伤元素。炸药爆炸时生成的高温、高压气体产物，以高速向四周膨胀，炸点附近的介质（空气、水、土等）受到剧烈压缩，被压缩的介质层迅速向外运动，又压缩外层的介质。这种从爆炸中心向四周高速传播的强烈压缩的冲击波，可毁伤在距爆炸中心一定范围内的目标。

（2）杀伤战斗部是用高能炸药爆炸产生的能量使

破片、连续杆或聚能粒子等获得动能而杀伤目标。杀伤战斗部由炸药装药和产生杀伤元素的壳体或预制的杀伤元素组成，是常规战斗部的一种，包括破片杀伤式、连续杆式和多聚能式等，适合用于杀伤空中目标（飞机和巡航导弹等）和地面目标（人员和技术装备）。对空中目标的杀伤包括击穿、引爆、引燃和切割等。

破片战斗部是利用炸药爆炸产生的能量使壳体形成或释放高速运动金属破片作为主要毁伤元素，是杀伤战斗部的一种。按结构形式，破片战斗部可分为无控结构战斗部和可控结构战斗部两种。对于无控结构战斗部，爆炸后战斗部壳体形成不规则、大小不均匀的自然破片，其杀伤效果不好，地空导弹上较少采用。对于可控结构战斗部，有半预制破片结构战斗部和预制破片结构战斗部。半预制破片结构战斗部，有药柱刻槽、壳体刻槽（爆炸时，壳体从刻槽处破裂形成破片）、圆环叠加（用多个圆环叠加点焊组成壳体）等形式；预制破片结构战斗部，是把预先按一定形状（球形、方形、圆柱形等）加工成的破片，用树脂黏结等方法固定组合成战斗部壳体。按所形成的杀伤区，破片战斗部可分为均强性战斗部与非均强性战斗部。非均强性战斗部有特定的杀伤方向，在此方向集中了大部分杀伤破片，杀伤效率高。

连续杆战斗部亦称"链条式战斗部"，是杀伤战斗部的一种。这种战斗部爆炸后，以放射环状高速向外飞行的连续杆作为主要毁伤元素，切割毁伤目标。壳体由连续杆（钢条）紧密相靠，首尾两端交错焊接而成，有的双层结构，有的单层结构。炸药爆炸时，杆束组件在爆炸力的作用下、向外抛射，以杆端的焊点为绞接点迅速向外扩张，形成一个圆环，切割毁伤目标。圆环扩张到最大直径后，在焊点处断裂，形成一根根钢条，由环的线杀伤转化为破片杀伤，杀伤效率降低。这种战斗部适用于制导精度较高的地空导弹。

（3）聚能战斗部亦称"聚能破甲战斗部"，是利用聚能装药爆炸时产生的金属射流穿透飞机装甲，以毁伤飞机内人员、设备。聚能炸药柱通常做成两节，前节为主药柱，后节为辅助药柱。战斗部爆炸时，起爆装置先将辅助药柱引爆，再将主药柱引爆，形成一股细（几毫米粗）长连续的高速（7000～9000米/秒）热塑性金属射流，穿透飞机装甲并毁伤飞机内的人员和设备。

（4）核战斗部是核装药的战斗部，亦称"核弹头"，利用重核铀和钚同位素裂变链式反应释放核能毁伤目标。核战斗部爆炸时，在有限的容积和极短的时间内（7～10秒），高速释放出巨大核能，反应区内温度高达几千万摄氏度以上，形成冲击波、光辐射、贯穿辐射、电磁脉冲和放射性沾染等多种杀伤因素。其威力按梯恩梯当量衡量，地空导弹弹体较小，一般采用超小型（梯恩梯当量1千吨以下）或小型（梯恩梯当量0.1～1万吨）核战斗部。现代地空导弹已不再采用核战斗部，只有美国在20世纪60年代末研制的"波马克"地空导弹，采用过核战斗部。"波马克"地空导弹70年代后期退役后，未见其他地空导弹采用核战斗部。"萨德"系统采用"动能杀伤技术",只依靠制导或末机动部件的质量就可以达成"碰撞—杀伤"的效果,这大幅度减少了战斗部质量。

不同的战斗部,对目标的毁伤能力的表示方法不同。杀伤战斗部和爆破战斗部,以杀伤面积或威力半径表示其毁伤能力;聚能战斗部,在规定的着角碰击目标时,以金属射流的破甲深度和后效表示其毁伤能力;核战斗部通常以梯恩梯当量表示其毁伤能力。

"萨德"系统导引和战斗部

力求机动
——美国研制的车载式地空导弹

第二次世界大战后期，美国曾研制"云雀"和"小兵"两种地空导弹，用于对付日本的"神风"自杀飞机，但因技术不成熟而失败。第二次世界大战期间，德国为抗击英、美轰炸机群的空袭，进行了"龙胆草""莱茵女儿""蝴蝶"和"瀑布"等型号地空导弹的研究试验，但未能投入作战使用，纳粹德国即告覆灭。德国投降后，美国从德国获得了导弹研究设计资料和实物，并俘虏了布劳恩等一批导弹研究设计专家，开始有计划地研究和试制地空导弹。20世纪50年代初至70年代初，这一时期的防空重点是抗击高空高速突防的战略轰炸机和战略侦察机，因此研制的地空导弹主要是中高空和中远程的。美国的"奈基""霍克"等中空和中程地空导弹，以及"小檞树"低空近程地空导弹，是美军防空部队20世纪80年代以前的主要装备。

MIM-14"奈基"地空导弹系统，是美国陆军于第二次世界大战后期开始研制的全天候中高空远程地空导弹武器系统。"奈基"A型地空导弹，于1953年装备美国陆军。"奈基"A型地空导弹不仅结构复杂，故障率高，抗干扰能力差，而且只能攻击单个目标，因此列装不久，美国即开始研制"奈基"B型地空导弹。C型是后期的改进型。"奈基"B型地空导弹于1958年装备部队，后来多次进行改进，并出口日本、韩国、联邦德国、比利时、荷兰、丹麦、希腊、挪威、意大利等国家，20世纪后期逐步被"爱国者"地空导弹系统取代，主要用于抗击中高空的高性能轰炸机，掩护重要目标。"奈基"地空导弹系统由地空导弹及发射架、目标搜索雷达、目标跟踪雷达、导弹跟踪雷达组成。A型地空导弹长12.1米，B型地空导弹长12.5米，C型地空导弹长12.4米。A型弹径760毫米，B型弹径800毫米，C型弹径790毫米。A型发射重4550千克，B型发射重4500千克，C型发射重4540千克。配有破片式战斗部或核战斗部，配用无线电近炸引信。采用两级固体火箭发动机（C型地空导弹为单级固体火箭发动机）和雷达跟踪、无线电指令制导方式。地空导弹射程30000～145000米，射高1000～45700米，最大飞行速度为马赫数3.35。目标搜索雷达作用距离450～510千米，跟踪雷达作用距离185千米。发射架战斗全重6900千克，由牵引车牵引。

MIM-72"小槲树"地空导弹武器系统，是美国于1964年开始研制的低空近程地空导弹武器系统，1969年装备美国陆军。MIM-72A为基本型，MIM-72C为改进型，以后又研制出自行式M-48型、固定式M-54型和牵引式3种类型，主要用于在前方地域内攻击低空快速飞机和直升机，掩护地面作战部队，守卫机场、桥梁等重要后方设施。M-48型地空导弹装于履带车上，由发射塔和底座组成，发射和控制装置装于车辆后部。M-54型地空导弹可以车载或空运，车载式的全系统装在一辆平板拖车上，由卡车牵引，采用4联装发射架。地空导弹长2.91米，弹径 127 毫米，发射重 86.9 千克。战斗部为预制破片式，配用近炸引信。采用单级固体火箭发动机和光学跟踪加被动红外寻的制导方式。MIM－72C 型地空导弹射程 6000 米，射高 50～3000 米，最大飞行速度为马赫数 2.5。

MIM－23B 改进型"霍克"地空导弹武器系统，是美国于 1963 年开始研制的全天候中低空中程地空导弹武器系统，1972 年装备美国陆军，出口近 30 个国家，主要用于打击中低空高速飞机，也可以用于拦截巡航导弹和战术弹道导弹。该武器系统曾与"奈基"－Ⅱ地空导弹武器系统配合使用，担负美国本土防空与要地防空任务，后来逐步被"爱国者"地空导弹武器系统取代。全系统由 3 联装发射架、脉冲搜索雷达、连续波搜索雷达、测距雷达、目标照射雷

"霍克"地空导弹

达、控制中心等组成。地空导弹长 5.03 米，弹径 360 毫米，发射重 638.7 千克。战斗部为破片式，配用着发和近炸引信。采用单室双推力固体火箭发动机和雷达跟踪、半主动雷达寻的制导方式。射程 1500～40000 米，射高 30～18000 米，最大飞行速度为马赫数 2.5。发射架战斗全重 3747 千克。系统主要设备均装在拖车上，由数辆中型卡车牵引。

美国陆军专门研制了配装改进型"霍克"地空导弹的火控系统，用于改进型"霍克"地空导弹连的射击指挥。该火控系统主要由 1 部 AN/MPQ-35 脉冲搜索雷达、1 部 AN/MPQ-34 连续波搜索雷达、1 部 AN/MPQ-37 测距雷达、2 部 AN/MPQ-39 高功率目标照射雷达、1 个指挥中心和 1 个情报信息协调中心组成。AN/MPQ-35 搜索雷达工作于 D 波段，作用距离 74～110 千米；AN/MPQ-34 连续波搜索雷达工作于 I 波段，作用距离 55～82 千米；AN/MPQ-37 测距雷达工作于 I 波段，作用距离 35 千米；AN/MPQ-39 目标照射雷达工作于 I 波段，作用距离 55～75 千米。连指挥中心是一套人机接口设备，通过它可实现对全连导弹发射的战术指挥，如调整射击任务、变更攻击目标顺序、指挥和控制发射排发射等。情报信息协调中心是全连的射击指挥信息处理与通信中心，可以自动发现、识别、分析和分配目标。当以地空导弹排为基本火力单位执行作战任务时，配备有改进的地空导弹排指挥所，作为全排的射击指挥中心。

拦截导弹——美国"爱国者"地空导弹

美国研制的"爱国者"地空导弹，是一种全天候全空域多用途的地空导弹，是 20 世纪 80 年代比较先进的地空导弹之一。在 1991 年的海湾战争中，美军多次使用它拦截击毁伊拉克军队发射的"飞毛腿"地地战术弹道导弹，首次创造了用导弹打导弹的世界纪录，并因此名声斐然，身价倍增。

"爱国者"地空导弹系统的武器代号为 MIM－104，由美国雷声公司和马丁·马丽埃塔公司等单位联合研制。1965 年美国陆军导弹司令部提出发展计划，1972 年开始研制，1982 年小批量生产，作为"战区导弹防御"计划中陆基低层弹道导弹防御系统，1985 年装备陆军部队。

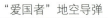

"爱国者"地空导弹

"爱国者"地空导弹系统由地空导弹、火控系统和发射架等部分组成，还配有雷达天线车和电源车。1个火控系统最多可控制1个连的5～8个发射架发射地空导弹，每个发射架上装有4枚箱式导弹。

"爱国者"地空导弹系统最早装备部队的型号是PAC-1型，试验改进型为PAC-2型，两者性能相近。该地空导弹的最大射程80千米，最小射程3000米，最大射高24千米，最小射高300米，最大飞行速度为马赫数5～6，单发杀伤概率大于80%。导弹长5.3米，弹径0.41米，翼展0.87米，发射重800千克，战斗部重90.8千克，战斗部装药68.18千克，配用近炸引信。

PAC-3型是"爱国者"地空导弹系统的最新改进型，有PAC-3/1、PAC-3/2、PAC-3/3共3种型别。PAC-3/1型于1995年装备部队，PAC-3/2型在1997年完成飞行试验后装备2个营，PAC-3/3型于2001年9月装备部队。PAC-3/3型地空导弹的射程30千米，射高15千米，弹长4635毫米，弹径255毫米，起飞弹重304千克（燃烧完毕时重140千克）。采用单级固体火箭发动机，制导方式为惯性导航加中段指令加末段主动雷达寻的制导。

"爱国者"防空武器系统具有以下特点。

（1）能拦截战术弹道导弹。"爱国者"地空导弹既能对高性能的飞机作战，又能拦截地地战术弹道导弹。地地战术弹道导弹比飞机的体积小，飞行速度快，低空飞行时不易被发现。在海湾战争中，伊拉克使用"飞毛腿"地地战术弹道导弹，袭击以色列和沙特阿拉伯。多国部队用"爱国者"PAC-2地空导弹系统进行拦截,使"爱国者"地空导弹和"飞毛腿"战术弹道导弹在空中同归于尽。"飞毛腿"这种地地战术导弹有A、B两种型号,B型射程50～300千米,弹长11.16米,弹径0.88米,翼展1.81米,最大飞行速度为声速的5倍,导弹起飞重量6300千克。伊拉克从苏联进口"飞毛腿"地地战术弹道导弹,并进行了改装。第一次改装将导弹射程提高到650千米,第二次改装将导弹射程提高到900千米,分别命名为"侯赛因"和"阿巴斯"地地战术弹道导弹。"爱国者"地空导弹采用了先进的微电子技术、计算机技术、相控阵雷达技术,特别是采用了大攻角非线性气

"爱国者"地空导弹发射

动技术，增大了地空导弹的机动过载。它的雷达可以捕获体积小、低空飞行的弹道导弹，及时计算处理发射架和地空导弹的起始数据，控制和修正地空导弹飞行，直至击毁目标。据有关资料介绍，在海湾战争中，伊拉克共发射 80 枚"飞毛腿"地地战术弹道导弹，其中绝大多数被"爱国者"地空导弹击毁，有的报道甚至说拦截成功率达到 80%。

（2）能发现跟踪多批目标，控制多枚地空导弹对付多个目标，抗饱和攻击能力强。"爱国者"地空导弹配用的相控阵雷达在很大作战范围内无须转动雷达天线，雷达波束就能迅速覆盖预定空域，可以同时监视、处理 50 ~ 100 个目标信息，同时跟踪 8 个目标和控制 8 枚导弹，其中 3 枚导弹可以同时对威胁最大的 3 个目标射击。因为雷达天线、雷达发射机和接收机都采用新技术，可以对高空、低空进行搜索，测定目标高度，跟踪、照射目标，跟踪和引导地空导弹，并进行目标识别。

（3）采用多种制导方式，抗干扰性能好，命中精度高。该地空导弹飞行初始段采用程序制导，中段采用指令制导，末段采用 TVM 复合制导。地空导弹发射后，由程序控制将其引入一条近似理论弹道。地空导弹进入雷达波束，雷达捕获后进入指令制导，计算机根据雷达接收的导弹信号，计算偏离理想弹道的数据，以指令形式控制导弹飞行；在地空导弹导引头捕获到目标信息后，转入 TVM 复合制导；地空导弹导引头准确测量导弹与目标间的相对角偏差，经 TVM 制导装置实时处理和滤波，形成制导指令，控制地空导弹飞向目标。采用 TVM 复合制导，提高了制导精度和抗干扰能力，从而使"爱国者"地空导弹能准确命中目标。

（4）自动化程度高，反应时间短。"爱国者"地空导弹的数字计算机参与了制导雷达和系统闭合回路的控制，提高了全武器系统的自动化程度和快速反应能力，缩短了系统的反应时间和火力转移时间。这种可以对远距离、大高度目标作战的防空武器系统，其反应时间仅为 15 秒，几乎达到了近程低空地空导弹系统的反应时间。PAC-3/3 型系统可与美国的"联合信息分发系统"联网，地空导弹发射架、雷达、作战与火力控制站都配备了 GPS 接收机，能对突然出现的目标及时做出快速反应，准确定位。

（5）可靠性好，维护方便。"爱国者"地空导弹系统基本实现了组件、元件标准化。数字组件、模拟组件、数模转换器、电源和存储器都选用标准化组件。"爱国者"地空导弹系统的雷达选用了 239 种标准化微型电子组件作为整个电子电路部分的备用件。全系统备用件约为 3000 种，而"霍克"地空导弹系统的备用件约为 3 万种。"爱国者"地空导弹系统配有自检设备，能自动发现故障，确定故障部位，使维修人员可以快速更换故障器件。系统操作人员少，1 个火力单位只需 1 名指挥员和 2 名操纵手操作。该地空导弹系统机动能力较强，导弹及全部设备均安装在拖车上，用车辆牵引，行军速度较快。必要时，还可以用大型运输机或者大型直升机空运。

多层防御
——美国战区弹道导弹防御系统

进入 20 世纪末期，美国认为，一些拥有中程弹道导弹的国家，有的开始研制射程更远的弹道导弹，有的着力提高制造导弹的能力，有的具备研制导弹精确投射系统及大规模杀伤武器的能力，这些都对美国的安全构成潜在威胁。而在未来的战争中，现有的"爱国者"地空导弹系统是对付这种威胁的唯一手段，但其效能难以完成全部对空防御任务。因此，有必要研制"末段高空区域防御系统"（"萨德"），以弥补"爱国者"地空导弹系统的不足，以便有效抗击弹道导弹等武器的威胁。

美国于 1965 年开始研制 MIM-104 "爱国者"全天候机动式多用途中高空地空导弹系统，1983 年装备部队，逐步取代了"奈基"-Ⅱ和改进型"霍克"两种地空导弹系统。1988 年 12 月完成"爱国者"PAC-1 系统改进，使地空导弹具备了探测、跟踪、拦截大角度进入的近程弹道导弹的能力。1990 年完成"爱国者"PAC-2 系统的改进后，很快装备部队，并在海湾战争中使用，取得击落多枚"飞毛腿"地地弹道导弹的战绩。但是在作战中，暴露出"爱国者"PAC-2 系统拦截弹道导弹的空域太小，雷达性能低，无法识别导弹弹头、诱饵和其他碎片，机动性差，拦截弹道导弹的效率不高。因此，美国于 1994 年开始对 PAC-2 系统进行改进。改进后的 PAC-3 系统基本保留了"爱国者"PAC-2 系统的构成配置，成为美国战区弹道导弹防御系统（TMD）的组成部分（第一层防御系统）。"爱国者"PAC-3/3 系统采用"埃林特"动能杀伤增程拦截导弹，该导弹长 4.365 米，弹径 255 毫米，发射重 304 千克；其战斗部为破片式，配用近炸引信；动力装置为单级固体火箭发动机，最大飞行速度为马赫数 5～6；采用惯性制导加中段无线电指令制导加末段主动雷达寻的末制导的复合制导方式；导弹射程 30 千米，射高 15 千米，采用 AN/MPQ-53 相控阵雷达搜索、跟踪和照射目标，制导

"爱国者"导弹发射架

"爱国者"导弹系统雷达车

导弹。PAC-3/3系统可以在相当大的范围内搜索、监视100个目标，同时跟踪8个目标，同时向5枚导弹发送指令，末段引导3枚导弹拦截3个目标。发射架为4联装，装在拖车上。整个系统可用C-141运输机或陆军大型直升机空运。指挥控制车能评定射击效果，保障导弹连内部及对外通信联络，判定目标威胁等级，分析计算目标状态，选择目标并指示雷达对准威胁最大的目标，处理发射架和导弹相关的数据，控制和修正导弹飞行，直到命中目标为止。

美国于1987年开始研制的"末段高空区域防御系统"，英文缩写THAAD（"萨德"），是美国"战区导弹防御系统"(TMD)计划中的陆基系统(第二层防御系统),用于掩护大面积地面军事设施,拦截远距离中高空战术弹道导弹。该系统由导弹、导弹发射车、陆基雷达,以及战场管理、指挥、控制、通信和情报系统等组成。导弹发射重约600千克,全长6.2米,配单级火箭发动机,最大飞行速度为马赫数9～10。采用红外寻的头和惯性导引系统,战斗部靠动能杀伤目标。陆基雷达为大功率相控阵雷达,工作在X波段,对弹道导弹的探测距离为1000千米。战场管理、指挥、控制、通信和情报系统用于全系统的控制、协调和信息的搜集。导弹发射车装有电子设备

"萨德"防空反导系统

和装 10 枚导弹的发射架。该系统最大射程 200 千米，拦截导弹高度 15～150 千米，有效屏障面积大于 100 平方千米，理论上可拦截射程 3500 千米、最大速度大于 5 千米/秒的弹道导弹。

美国"战区导弹防御系统"（TMD）计划中的第三层防御系统，是美国、德国和意大利于 1995 年开始联合研制的中程地空导弹武器系统（MEADS）。它用于拦截战术弹道导弹、巡航导弹、各种飞机和无人机，保护固定目标和陆军大部队作战区域的中低空安全，成为低层防空的主要力量。美国将其作为战区导弹防御体系的一部分，作为"爱国者"地空导弹系统的替代品，用于拦截"战区导弹防御系统"未能拦截的目标；德国用以取代"霍克"地空导弹系统；意大利用以取代"奈基"-Ⅱ地空导弹系统。这种中程导弹防御系统主要由导弹、发射装置、雷达和 BM/C^{4}I 系统组成。其特点是：武器系统装在轮式车上，可空运，机动性强；雷达可 360°扫描，探测距离远；采用分布式网络化结构和模块化部件；采用"爱国者"PAC-3 系统的导弹，具有命中即毁伤的能力；使用多通道垂直发射架，具有全方位攻击能力。

反导先行——第一种实战部署的反导系统

两伊战争期间，阿拉伯世界两强——伊拉克和伊朗，展开了激烈的"飞毛腿"导弹战。天空中飞来飞去的地地战术弹道导弹，使位于伊拉克附近的以色列感到了威胁。因此，以色列开始研究弹道导弹的防御问题，并得到美国的大力支持。随着战术弹道导弹在中东地区的大规模扩散，特别是以色列在1991年海湾战争中遭到39枚"飞毛腿"弹道导弹的袭击，促使以色列下决心构建战区导弹防御系统，加快研制"箭"反导导弹系统。1987年，以色列和美国达成联合研制"箭"战区防御导弹系统的协议。先期研制的"箭"-1反导导弹系统，在发射试验时成功拦截假弹道导弹，但是存在体积大、机动性差的问题。为提高导弹的拦截高度、拦截距离，1995年开始改进型"箭"-2反导导弹系统的研制，同时研制配套的多功能雷达和指挥控制系统。1999年11月1日，"箭"-2反导导弹系统在试验中成功拦截"侯赛因"战术弹道导弹。2001年8月27日，"箭"-2反导导弹系统在试验中，成功拦截了由飞机发射的中程弹道导弹模拟弹，验证了"箭"-2反导导弹系统的反导能力。

"箭"-1反导导弹系统配装红外导引头，动力装置为1台固体火箭发动机。"箭"-2反导导弹系统是"箭"-1的改进型，动力装置增加1台固体火箭助推器，拦截高度和拦截距离提高两倍；配装红外和雷达双模导引头，红外导引头用于拦截战术弹道导弹，主动雷达导引头用于攻击巡航导弹和飞机。2000

"箭"-2 导弹发射

年 3 月 14 日，"箭"-2 反导导弹系统装备以色列空军，部署在以色列中部地区，主要用于拦截中近距离上的战役战术弹道导弹、巡航导弹及飞机等目标，保卫以色列人口密集的地区和军事基地。整个系统主要由"箭"-2 地空导弹、导弹发射车，以及"绿松树"EL/M-2080 多功能雷达和"香橼树"指挥控制系统组成。"箭"-2 地空导弹采用二级固体火箭发动机，制导体制为初始段惯性制导加中段指令制导加末段红外和雷达主动寻的双模制导，战斗部为破片杀伤式，配装近炸引信。"箭"-2 地空导弹长 10.98 米，弹底直径 1.73 米，最大速度为马赫数 10，有效射程 150 千米，射高 50～75 千米，最大拦截距离 90 千米，最大拦截高度 40 千米，导弹杀伤概率大于 90%。机动式导弹发射车上装有垂直发射装置，每部发射装置有一个装 6 枚导弹的发射箱。"绿松树"EL/M-2080 多功能雷达采用相控阵体制，工作在 L 波段。雷达采用锑化铟焦平面阵列，作用范围大，识别能力强，能同时跟踪几十个战役战术弹道导弹目标。机动式"香橼树"指挥控制系统担负"箭"-2 地空导弹系统的作战管理与指挥、跟踪、通信任务，能同时控制 12 个目标。"绿松树"EL/M-2080 多功能雷达和"香橼树"指挥控制系统对战术弹道导弹的最大探测距离可达 500 千米。

精干短小——便携式地空导弹

在地空导弹家族中有一个"小兄弟",那就是便携式地空导弹。这里称它为"小兄弟",是指它个头小,重量轻,便于单兵携带。在战斗中,这种导弹由单兵或战斗小组携带,以肩扛或利用小型发射架发射。由于把它置于肩上就可以发射,故称为"肩射导弹"。由于整个导弹都装在一个发射筒内,故又称为"筒装导弹"。便携式地空导弹根据携带方式,分为单兵携带式和兵组(战斗小组)携带式;根据发射方式,分为肩射式和支架发射式;根据制导方式,分为红外寻的制导、无线电指令制导、激光驾束制导和复合制导。

便携式地空导弹个头虽小,却五脏俱全。它由导弹、发射筒、瞄准装置、电池组等组成。导弹由弹

"毒刺"便携式防空导弹发射瞬间

体、制导系统、动力装置和战斗部等构成，主要用于对低空、超低空飞行的飞机、直升机作战，保障地面部队和地面重要目标的空中安全。

便携式地空导弹的研制和发展，至今已经历了60多个春秋，哺育培养出三代产品、40多种型号，已成为地空导弹家族中数量最多、装备最广泛的一类地空导弹。第一代便携式地空导弹代表型号为美国的"红眼"、苏联的萨姆-7和中国的"红樱"-5等；第二代代表型号为美国的"毒刺"、英国的"吹管"、俄罗斯的萨姆-14和瑞典的RBS-70等；第三代代表型号为美国的"毒刺"改进型、英国的"标枪"、法国的"西北风"、俄罗斯的萨姆-18、瑞典的RBS-90、日本的91式等。

"小兄弟"特点突出，深受部队指战员爱戴。

（1）随身携带，使用方便。这类导弹的最大优点是结构简单、体积小、重量轻，作战使用方便。该类导弹各组成部分结合为一个整体。弹长约1.5米，弹径70～100毫米，全重10～17千克，便于单兵携带，机动使用十分灵活。高射炮和大中型地空导弹不能通过、不能到达、不便展开的地方，它都能去，可以在平原、丘陵、山地、丛林、沼泽、沙漠等各种地形条件下顺利地使用。便携式地空导弹既可置于地面上、工事内、建筑物上、瞭望塔内、山顶上，也可配装在车辆、坦克、舰船、火车上执行作战任务。对发射阵地位置的要求不高，便于隐蔽配置，便于伪装，便于转移。

（2）射程虽近，但在战场上作用很大。这类地空导弹射程通常在5千米以下，射高通常在3千米以下，作战范围比较小，但它对低空、超低空飞行目标作战十分有效。防御敌方空袭武器的低空、超低空袭击是作战部队随时随地都要十分重视的问题，这就需要一种轻便的、反应速度快、命中精度高、造价低廉、能大量装备并可以迅速投入作战行动的防空武器。便携式地空导弹正是这么一种理想的防空武器，它能最大限度地保障作战部队、军事设施的低空、超低空范围的空中安全。

（3）问世不久，即立下战功。这类地空导弹从20世纪50年代中期才开始研制，60年代中期开始装备部队。世界上第一枚便携式地空导弹——美国的"红眼"，于1956年开始论证，1966年率先装备美军。

"标枪"便携式地空导弹

苏联也于1966年将"箭"-2（萨姆-7）便携式地空导弹装备苏军。以后这两种便携式地空导弹都不断改进，并大量生产，成为美军、苏军以及当时的北约、华约两个军事集团军队的制式装备。英国、瑞典、法国等国家军队也先后装备了本国研制的便携式地空导弹。有些（包括改进型）便携式地空导弹，一问世就投入战场使用，在越南战争、第四次中东战争、英阿马岛战争、阿富汗战争、海湾战争、伊拉克战争，乃至2022年春季爆发的俄乌战争中，都击落过多架飞机，从而证明它是现代防空作战中不可缺少的一种武器。

（4）在作战使用上，还有一个最大的特点，它可与小口径高射炮结为"孪生兄弟"，即将地空导弹、高射炮两种防空武器装配在同一车体上构成"弹炮合一"的防空武器系统，可以充分发挥两种防空武器各自的长处，取长补短，提高防空作战效能。

性能优异——第三代便携式地空导弹

便携式地空导弹问世之后,经过不断改进创新,到20世纪90年代末期,已研制和发展了三代产品。第三代便携式地空导弹型号已有多种,俄罗斯的萨姆-18、美国的"毒刺"POST和"毒刺"RMP、英国的"星爆"和"星光"、法国的"西北风"、瑞典的RBS-90、日本的91式等地空导弹,都属于第三代便携式地空导弹。

萨姆-18便携式地空导弹,俄军代号"针",内部编号9K38,是在萨姆-16的基础上改进而成的。该导弹系统战斗全重17千克,它的最大射程5200米,最小射程500米,最大射高3500米,最小射高10米,飞行速度可达570米/秒,可迎头攻击飞行速度360～400米/秒的目标,尾追攻击320米/秒的

正在发射的萨姆-18便携式地空导弹

目标。它采用了新型双色红外导引头和目标识别器，能有效对付各种超声速飞行的和布撒红外干扰弹的飞机，作战效能比萨姆-14提高了6倍。它的导引头中预装了一种程序装置，能使导弹在即将命中目标的最后瞬间，将瞄准点从飞机尾部（发动机喷管处）转移到机身中部，从而提高了毁伤目标的概率。它装有敌我识别器，可以有效区分敌方与己方的飞机，减少误伤己方飞机和贻误战机的可能。它的战斗部装药2千克，装有延期引信，不仅可使导弹命中目标后，战斗部进入飞机机体内部才爆炸，还可以利用在导弹飞行时未耗尽的推进剂，随战斗部一起在机体内爆炸，增大杀伤破坏效力。它可以从地面上发射，也可以从各种战斗车辆上发射，还可以配装在米-24、米-28、卡-50等攻击直升机上使用。从行军状态转为战斗状态的时间为10秒。

"毒刺"POST和"毒刺"RMP便携式地空导弹，是美国在"毒刺"基本型（美国第二代产品）的基础上改进而成的。前者采用红外光、紫外光双色导引头（POST导引头）；后者是在POST导引头的基础上，加装数字式重编程序微处理器（RMP）。这两项改进使该导弹抗红外干扰能力和命中率都有很大提高。

英国的"星光"便携式地空导弹，飞行速度可达马赫数4。它的战斗部装有母弹和子弹，母弹采用半自动无线电指令制导，3个高爆飞镖式子弹采用激光驾束制导，命中率高，杀伤力强。

法国的"西北风"便携式地空导弹，采用四元双红外波段导引头，其抗干扰性能比萨姆-18、"毒刺"POST和"毒刺"RMP还要优越。

瑞典的RBS-90便携式地空导弹的外形和重量与RBS-70（瑞典第二代产品）完全一样，但内部电子线路全部微型化，还加装了夜视瞄准镜，昼夜都能使用。

总之，第三代便携式地空导弹的性能与第一代、第二代相比，提高了导弹飞行速度，增大了射程，提高了迎头攻击的能力；提高了导引头的灵敏度，增大了命中率；改进了制导方式，提高了抗干扰能力；加大了战斗部装药，改进了引信，提高了战斗威力。随着导弹制导技术、抗干扰技术的提高和导弹战斗部、火箭发动机的改进，便携式地空导弹的战术技术性能，还将继续得到改进与提高。

正在发射的"西北风"便携式地空导弹

单兵神箭
——美国"红眼"便携式地空导弹

FIM-43"红眼睛"地空导弹,是美国研制的昼间使用的筒装单兵肩射地空导弹,简称"红眼"。它是世界上第一个装备防空部队的便携式地空导弹,由美国通用动力公司波莫纳分公司研制。1958年美国陆军导弹司令部提出发展计划,确定技术战术要求并进行论证,1959年签订研制合同,1961年试射成功,1962—1963年初装,1966年批量装备部队。在陆军的装甲营、步兵营和炮兵营,空降分队,海军的陆战队、特遣分队,都装备有"红眼"便携式地空导弹。

"红眼"便携式地空导弹,是专为对付低空、超低空飞行的目标而研制的。主要作战对象是从低空突防的战斗机、战术侦察机、轻型运输机、直升机,特别是号称"空中坦克"的武装直升机。它的射程为4.5千米,作战半径为500～3600米,作战高度为150～1500米,单发杀伤概率70%,两发杀伤概率90%,系统反应时间5秒,制导方式为光学跟踪红外自动寻的。它的弹长1.22米,弹径70毫米,弹重8.17千克,发射筒重3.86千克,破片式战斗部重1千克,装药0.5千克,配用触发引信,武器系统全重13.12千克。动力装置为两级固体火箭发动机,飞行速度可达马赫数1.7～2。运动方式为人员携带或车载,发射班由2人组成。

"红眼"便携式地空导弹武器系统由导弹和发射装置组成。该导弹前半部为导引头、控制舱、弹上电池、引信和战斗部，后半部为动力装置。发射装置包括发射筒、光学瞄准具、信号放大器及电池制冷组合等。电池制冷组合的功能是在发射导弹时向导弹供电并冷却红外探测器。

"红眼"地空导弹的作战过程是：射手以目视探测目标，用光学瞄准具瞄准目标；导弹加电并冷却探测器，被动寻的导引头开始工作；目标飞至导弹有效攻击距离内，符合射击条件时，射手保持15°～65°发射角，扣动扳机，发射导弹，火箭发动机点火；导弹飞出发射筒后1.6秒，引信解脱保险。若导弹命中目标，则触发引信引爆战斗部，摧毁目标；若导弹在15秒内未命中目标，则自行销毁。

"红眼"便携式地空导弹结构紧凑，体积小，重量轻，可单兵携带、发射，战术使用灵活方便，可在

"红眼"便携式地空导弹

攻防战斗和各种特殊条件下使用，发射操作简便，训练射手容易，造价低廉，为大量装备部队提供了有利条件。它的出现既为陆军作战提供了一种低空防卫武器，又为同类导弹的研制、改进和发展提供了基础和经验。美国生产这种导弹竟达数万枚，除大量装备美军外，联邦德国、荷兰、意大利、比利时、希腊、土耳其、丹麦、挪威、澳大利亚、以色列、约旦、沙特阿拉伯、韩国、瑞典、泰国、阿富汗等多个国家都购买和装备了这种导弹。

"红眼"便携式地空导弹的不足之处是飞行速度慢、射高低、射程近，战斗部威力小，导引头灵敏度低，易受红外干扰，没有敌我识别装置，发射时尾烟大，易暴露射手位置，且只能在昼间使用。美国于1972年停止生产"红眼"，同时开始了第二代便携式地空导弹"毒刺"（又称"尾刺"）的研制工作。1978年"毒刺"便携式地空导弹的研制初步完成，并开始小批量生产，1980年装备美国陆军。1979年以后，"红眼"便携式地空导弹陆续被"毒刺"便携式地空导弹取代。

扬威中亚
——称雄阿富汗的"毒刺"地空导弹

1986年10月，阿富汗游击队在反击苏联军队入侵的作战中，使用美制"毒刺"便携式地空导弹，连续击落苏军米-8直升机和米格-21战斗机。此后，曾经创造了发射340枚"毒刺"地空导弹，命中269个目标，命中率约达80%的纪录。到1989年2月苏军撤出阿富汗时，苏联损失作战飞机达500架左右，直接经济损失近30亿美元，加上被击毙的飞行员的培训费，总计损失不下50亿美元。而阿富汗游击队消耗的"毒刺"地空导弹，按美国当时的售价，最贵时1枚导弹才8万多美元，大批出口时1枚导弹才5万多美元。巨大的经济和军事方面的损失，成为苏联政府的沉重负担。

1979年底，苏军入侵阿富汗，大量使用飞机在低空飞行支援地面部队作战，使阿富汗游击队损失严重。起初，阿富汗游击队曾使用高射机枪和小口径高射炮射击苏军飞机，收效甚微。1983年初，阿富汗游击队使用通过中东国家进口的萨姆-7（"箭"-2）便携式地空导弹，击落苏军的米-8直升机和大型运输机。苏军很快在飞机上配装红外诱饵弹，使萨姆-7便携式地空导弹难以识别真假目标，无法命中。1986年10月，阿富汗游击队引进了美国"毒刺"便携式地空导弹，在贾拉拉巴德机场，一天中曾击落4架苏军直升机，使该机场被迫关闭。到1987年底，美国共提供约900枚"毒刺"便携式地空导弹。"毒刺"

便携式地空导弹能抗红外干扰,使苏军飞机施放的红外诱饵弹无效,飞机接连被击落。阿富汗游击队埋伏在机场附近,或者苏军飞机的必经之路(如山口等)实施伏击,使苏军飞机防不胜防,完全成为活靶子。苏军在损失450余架飞机之后,又勉强支撑了一段时间,于1989年2月15日全部撤出阿富汗。

FIM-92A"毒刺"便携式地空导弹,由美国通用动力公司波莫纳分公司于1972年开始研制,1981年2月装备美国陆军,1982年装备驻欧美军和海军陆战队,并大量出口,曾在英阿马岛战争中使用。这种导弹是在"红眼"肩射地空导弹的基础上研制的,主要是改进了制导装置,采用光学跟踪、比例法导引的红外被动寻的制导方式。基本型的红外导引头采用碲化铟探测器,能敏感飞机金属表面辐射热能和喷

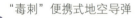

"毒刺"便携式地空导弹

气发动机排出的热气流,使导弹可以迎头攻击来袭目标。改进型"毒刺"-POST(FIM-92B)和"毒刺"RMP(FIM-92C)具有红外/紫外双色探测器构成的双色寻的头,不易受红外诱饵弹的欺骗和热屏蔽的遮挡,使导弹的全向攻击能力和抗干扰能力更强,探测范围更广。"毒刺"便携式地空导弹采用比"红眼"便携式地空导弹发动机功率更大的两级固体火箭发动机,作战距离增大到 4.8 千米,作战高度达到 3.8 千米。导弹战斗部为预制破片式杀伤战斗部,配装触发引信。导弹发射筒又是包装筒,用加强凯夫拉玻璃纤维制成,一次性使用。发射筒上装有可多次使用的单目瞄准镜,用以瞄准跟踪目标,估测目标距离和装定发射提前角。敌我识别器的作用距离 10 千米,询问机重 2.7 千克,装在袋内附于射手背带上,其发射天线装在击发机构上。该导弹长 1.52 米,弹径 70 毫米,发射筒长 1.83 米,弹重 10.1 千克,最大飞行速度为马赫数 2.2。基本型 FIM-92A 为便携式地空导弹,由 2 人背负。在此基础上,发展了双联装发射架式、车载式和直升机载式等多种改型,使这种地空导弹成为陆、海、空三军通用的导弹。该地空导弹的生产厂家有 3 个,其中:美国通用动力公司防空系统分部生产所有类型的地空导弹;雷声公司生产改进型 FIM-92C 型地空导弹;德国道尼尔有限公司生产出口型"毒刺"地空导弹。德国、荷兰、瑞士、以色列、希腊、土耳其等 20 多个国家仿制或购买了"毒刺"地空导弹,并用它与小口径高射炮组配成弹炮合一防空武器系统。

机动拦截
——法国新一代"响尾蛇"地空导弹

"响尾蛇"地空导弹,是法国军队装备的一种机动式全天候低空近程地空导弹系统,由法国汤姆逊公司和马特拉公司联合研制,有1000型(基本型)、2000型、3000型、4000型和5000型共5种型号。该导弹主要用于对付低空、超低空来袭的战斗机、武装直升机、巡航导弹,以保卫机场、港口等要害部位和行进中野战部队的对空安全。其改进型可用来拦截战术弹道导弹。

"响尾蛇"地空导弹系统包括搜索指挥单元和发射制导单元两部分,分别装在搜索指挥车和发射制导车上。"响尾蛇"地空导弹分队以排为建制单位,每个排装备1辆搜索指挥车、3辆发射制导车,共装备12枚导弹。其中,搜索指挥车装有搜索雷达、敌我识别器,数据处理系统、通信和数据传输系统,用于完成目标探测、识别、威胁判断和火力分配,给发射制导单元指示目标;发射制导车装有跟踪制导雷达、红外位标器、电视跟踪装置、光学瞄准具、地空导弹、4联装发射架、数据处理和传输系统,用于搜索、截获和跟踪目标,发射导弹和引导导弹。该导弹由机动的4联装发射制导车实施发射。作战时,搜索雷达进行目标搜索,发现目标后进行火力分配,并把目标诸元指示给指定的发射制导车。发射制导车发现目标后,转入对目标自动跟踪,通过导弹定序器完成导弹发射准备工作。发出射击指令后,自动启动导弹陀螺，计算机进行拦截计算并选择导弹地址码和应答频率等，满足拦截条件后立即发射导弹。

"响尾蛇"地空导弹为鸭式气动布局，采用单级固体火箭发动机，采用红外近炸引信、破片杀伤型战斗部、无线电指令制导。该导弹长 2.94 米，弹径 156 毫米，翼展 547 毫米，弹重 85 千克，最大飞行速度为马赫数 2.2，最大射程 8.5 千米，最大射高 3 千米，单发杀伤概率 70%，系统反应时间小于 10 秒。

1964 年，法国开始"响尾蛇"地空导弹原型的研制工作，1965 年 6 月通过首批 25 发导弹的飞行试验，1967 年 9 月又进行了第二批 21 发导弹的飞行试验，1969 年 10 月进行了第三批 14 发导弹拦截靶标的飞行试验，1971 年开始装备部队，并向南非、利

"响尾蛇"地空导弹

新一代"响尾蛇"地空导弹

比亚、希腊和智利等10多个国家出口，当时取名为"仙人掌"地空导弹。随着高新军事技术的发展，法国在"响尾蛇"地空导弹原型的基础上，对作战车辆进行了改进，增加了人工电视跟踪系统，相继研制出"响尾蛇"2000型地空导弹及其他改进型号。从1973年起，该导弹大量出口巴基斯坦、沙特阿拉伯、科威特、埃及、阿拉伯联合酋长国、摩洛哥、阿布扎比和西班牙等国家。

1985年，法国泰利斯防空公司（原汤姆逊公司）在"响尾蛇"地空导弹的基础上，研制出新一代"响尾蛇"地空导弹系统。该地空导弹系统的火控系统、发射装置、8枚VT-1型待发导弹及炮塔，集中组合在1辆车上，形成1个独立的作战单元，以便于舰载和空运。该地空导弹发现和拦截目标的全过程实现了全自动化，系统反应时间 5 秒。该导弹长 2.336 米，弹径 165 毫米，导弹发射重 73 千克；采用光电和雷达波束制导；最大飞行速度为马赫数 3.6；高爆破片杀伤战斗部重 13.7 千克，有效毁伤半径 8 米；搜索雷达为 E 波段频率捷变脉冲多普勒体制，对飞机最大作用距离 20 千米，对直升机最大作用距离 8 千米，最大作用高度 5 千米，可同时处理 8 个目标；跟踪雷达为 J 波段频率捷变单脉冲多普勒雷达，最大作用距离 30 千米，双视场红外摄像机最大跟踪距离 19 千米。21 世纪初期，法国、荷兰、希腊、阿曼等国家装备了新一代"响尾蛇"地空导弹。

新一代"响尾蛇"地空导弹发射装置

轻便灵活——法国"西北风"地空导弹

"西北风"地空导弹是由法国汤姆逊-布朗公司、航空航天公司和马特拉公司联合研制的超近程地空导弹,是法国陆海空三军通用的低空近程防空导弹武器系统。它能与"响尾蛇""罗兰特""霍克"等地空导弹及高射炮配合,构成一个完整的全天候作战的防空体系。该导弹系统1980年开始研制,1988年底开始装备法国陆军和海军。1994年,每枚"西北风"导弹售价4.7万美元,1套发射装置售价3.3万美元,挪威、奥地利、比利时、西班牙、意大利、沙特阿拉伯、韩国、新加坡等20多个国家进口此种导弹,装备总数达到12500多套。意大利、韩国订购此种导弹并获准生产。

"西北风"地空导弹有陆用型、空用型和舰用型。其中,陆用型分为便携式、车载式和直升机载式多种型号。便携式是基本型,各种型号的导弹基本性能相同,只是发射装置和火控系统不同。这种地空导弹系统由地空导弹、发射筒和发射架构成。导弹为鸭式气动布局,采用1台起飞发动机和1台主航发动机,配用预制破片式战斗部,内装高能炸药,外层贴有一层约1850个高密度的钨合金小珠,配装激光近炸引信和触发引信。制导方式为红外被动寻的,红外导引头采用四元的锑化铟制冷探测器,能探测跟踪迎头逼近的、有红外屏蔽的直升机。采用数字信号处理技术,能有效地抗击红外干扰,可以实施全向攻击。

"西北风"地空导弹的作战距离 0.3～6 千米，作战高度 0.015～4.5 千米，杀伤概率 90%；飞行速度为马赫数 2.6；无预警时系统反应时间 5 秒钟。该导弹长 1.84 米，发射筒长 1.85 米，弹径 90 毫米，发射重量 18.4 千克，弹筒重量 21.4 千克，动力装置为 1 台助推器和 1 台固体火箭发动机。便携式是由两人背负，车载式可配备多种载车，直升机载式是装在"小羚羊"武装直升机上。

与俄罗斯的萨姆-16、英国的"吹管"、美国的"毒刺"及瑞典的 RBS-70 等便携式地空导弹相比，"西北风"地空导弹射程远，机动性好，可以发射后

"西北风"便携式地空导弹

不管,可以全向攻击,战斗部的威力大,系统反应时间短。在设计上,这种地空导弹综合吸收了其他同类导弹的长处,操作简便,自动化程度高,通用性好,作战使用灵活。这种导弹装备数量较多,综合性能堪称一流。

"西北风"便携式地空导弹

畅销多国——英国"长剑"地空导弹

英国"长剑"地空导弹系统，由英国航空航天公司和马可尼航天防御系统公司联合研制生产，从1963年到1990年，研制和发展了1型、2型、自行式、简易自行式、90式、激光跟踪式等多种型号。它属于第二代近程低空地空导弹，主要用于野战防空，用于拦截低空、超低空来袭的飞机、直升机，可以击毁装甲车辆和小型舰艇。这种导弹体积小、重量轻，便于运输和选择配置阵地，易于操作使用，特别是造价便宜，得到许多国家的青睐。澳大利亚、伊朗、瑞士、土耳其、赞比亚、阿曼、卡塔尔、阿布扎比、文莱、美国等许多国家都购买和装备了"长剑"地空导弹。因为它的战斗部可渗入飞机内部再爆炸，故也称它为"爆破手"。早期生产的"长剑"地空导弹系统在两伊战争、英阿马岛战争中经受过实战检验，证明了它的有效性。

不同类型的"长剑"地空导弹，性能大同小异，射程800～7000米（2型为400～8000米），射高10～3000米，单发杀伤概率70%，反应时间6.8秒，火力转移时间3秒。弹长2.33米，弹径0.133米，翼展0.381米，全弹重42.6千克，战斗部重4.25千克，装药1.35千克，最大飞行速度大于马赫数2，行军战斗转换时间15分钟（自行式0.25分钟），战斗行军转换时间20分钟（自行式为0.25分钟）。

"长剑"1型地空导弹是"长剑"地空导弹的基本型。1963年开始研制，1965年进行飞行试验，1967

"长剑"地空导弹

年进行打靶试验，1968年进行鉴定试验，1971年批量生产并装备英国陆军。它由发射装置、光学跟踪装置、导弹发电机组和作战杀伤区选择器组成。全部设备装在1辆吉普车和1辆轻型拖车上。采用光学跟踪装置跟踪目标，以电视跟踪导弹，无线电指令制导，配用半装甲式战斗部，由压电式触发引信起爆，主要用于打击低空来袭的飞机、武装直升机和地面有装甲防护的目标。

"长剑"2型地空导弹于1967年签订研制合同，1970年进行系统试验，1972年进行打靶试验，1973年批量生产并完成鉴定试验，1978年装备英国空军。它增设1部"盲射"雷达，故又名"盲射型"。"长剑"2型采用光学装置跟踪目标，以电视跟踪导弹，或以雷达跟踪目标和导弹，采用无线电指令制导。配用杀伤破片式战斗部，由近炸引信起爆，适用于对遥控飞行器、反辐射导弹、巡航导弹等小型目标的精确杀伤。

自行式"长剑"地空导弹于1974年研制，1978年开始生产，1983年装备英国驻联邦德国第1军。它是将"长剑"地空导弹系统的全部装备分装在两辆履带车上：1辆为导弹发射车，车上装有搜索雷达、两个4联装发射箱、光学跟踪装置、头盔式定向瞄准装置、作战指挥装置等，发射箱装有装甲防护板；另1辆为跟踪雷达车。此外，还配有装运导弹的补给保障车和装有各种备件、检测设备的前方地域保障车。与"长剑"1型地空导弹相比，它的最小作战高度降低到400米，单发杀伤概率提高到80%，增强了机动能力，缩短了行军战斗转换时间。

简易自行式"长剑"地空导弹，只配有光学跟踪设备，无搜索雷达和跟踪雷达，造价特别便宜，是为出口而设计的。

90式"长剑"地空导弹是牵引式的，采用六联装发射架，配用光电跟踪器和新型数字战术控制台，以及改进型搜索雷达。可配用"长剑"1型地空导弹配用的半穿甲式战斗部，也可配用"长剑"2型配用的杀伤破片式战斗部。

激光跟踪式"长剑"地空导弹，于1982年开始研制，1984年进行发射试验，1986年对激光跟踪器进行试验，1987年完成昼夜瞄准系统的研制，并进行导弹发射试验，1990年进行特殊环境下的飞行试验。它采用激光跟踪器代替了光学跟踪器和"盲射"雷达，全部设备安装在一个转动平台上。转动平台可装在拖车上或者装在轮式车辆和履带式车辆上，还可以配装在重型直升机上。它结构紧凑，适于单车装载和空运，具有夜战和抗电磁干扰能力，作战过程全部自动化。它比同类地空导弹武器系统造价低，研制目的主要是向中东、远东、非洲、拉丁美洲国家出口。"长剑"地空导弹系统因物美价廉比其他性能类似的地空导弹系统销路广。

在第二代"长剑"地空导弹的基础上，英国于1986年开始研制第三代"长剑"地空导弹，即"长剑"2000（"长剑"野战标准C）近程地空导弹系统，1996年装备英国皇家空军团和陆军皇家炮兵防空团，担负全天候的区域防空任务，对付巡航导弹、武装直升机、高速飞机和遥控飞行器等目标。

"长剑"2000近程地空导弹系统

战场立功
——英军装备的便携式地空导弹

20世纪60年代后期,低空和超低空空袭与日俱增,原有的小口径高射炮已经不能满足低空防空的需要,军事工业基础较好的国家开始研制轻便灵活的低空近程地空导弹,英国肖特兄弟公司也相继研制出一系列便携式地空导弹。

1966年,英国肖特兄弟公司开始研制"吹管"便携式地空导弹,1972年完成鉴定试验,1973年装备英国陆军装甲师属混合炮兵团。该团编有1个防空导弹连,全连共装备24具发射装置、240枚导弹。此外,英国陆军后备部队中还有3个"吹管"防空导弹团,每个团辖3个防空导弹连。各团平时驻在英国本土,战时充实到驻德国的第1军。该型地空导弹除装备英国陆军和海军外,还出口加拿大、阿根廷、澳大利亚、泰国、智利、葡萄牙、卡塔尔等国家。这种地空导弹发展出多个改型,如自行式4联装型、直升机载型和舰载多联装型。"吹管"便携式地空导弹主要用于对付低空慢速飞机和直升机,为前方地域作战部队提供低空防御。其结构紧凑,便于使用,既可尾追攻击目标,也可迎头攻击目标。该导弹系统由导弹及发射管、瞄准控制装置和敌我识别器组成。弹长1.342米,弹径76.2毫米,发射重11.2千克。战斗部为破片式,配用着发引信与红外近炸引信。采用两级固体火箭发动机和光学跟踪、无线电指令制导方式。射程500～3500米,射高10～2000米,最大飞行速度为马赫数 1.0，战斗全重 21.46 千克。

在 1982 年马尔维纳斯群岛战争中，英国和阿根廷双方军队都使用了"吹管"地空导弹。英军使用该种导弹击落了 8 架阿根廷高性能固定翼战斗机，阿军使用该导弹击落了 1 架英军"鹞"式战斗机和 2 架直升机。

在"吹管"地空导弹的基础上，英国肖特兄弟公司 1981 年开始研制"标枪"便携式低空近程地空导弹。主要改进是：采用半自动无线电指令制导，提高了命中精度，操作简便；换用大功率固体火箭发动机，提高了导弹飞行速度，增大了有效射程；配用新型破片杀伤战斗部，增大了杀伤威力；配用了检测装置。1985 年装备英军，1986 年开始出口加拿大、阿拉伯联合酋长国、韩国、马来西亚、秘鲁、阿曼和博茨瓦纳等国家。该导弹主要用于前方地域的低空防御，可采用肩扛发射、3 联装发射架发射或车载发射。弹长 1.342 米，弹径 76.2 毫米，发射重 15 千

"标枪"便携式地空导弹

克。配用新型破片式战斗部和着发引信或近炸引信。采用固体火箭发动机和半自动无线电指令制导。射程300～6000米，射高10～3000米，导弹飞行速度为马赫数1.6，战斗全重24千克。

1985年，根据中东战争和马岛战争的经验教训，英国陆军决定由肖特兄弟公司对"标枪"便携式地空导弹再次进行改进，研制新型"星爆"便携式地空导弹，1990年装备英军。在1991年海湾战争中，英军参战陆军分队使用该型导弹，可靠性很好。该型地空导弹外形与"标枪"地空导弹相似。射程0.5～4000米，射高3000米。初始段采用无线电指令制导，中末段采用激光驾束制导。战斗部采用破片式或预制破片式，可以肩扛发射或使用三脚架发射。

1986年，英国肖特兄弟公司开始研制"星光"便携式地空导弹，1992年基本定型，1994年装备英国陆军，还出口北约组织部分国家。该导弹属于第三代便携式地空导弹，保留了早期"标枪"地空导弹的弹体，两者在外形上十分相似。弹长1.397米，弹径127毫米，发射重20千克。有效射程7000米，最大飞行速度为马赫数4，单发杀伤概率96%。导弹采用新型脉冲式火箭发动机、高能推进剂两级推进装置。导弹飞行速度高，发射2秒后，在300米之内即可加速到马赫数4。采用多弹头（3枚子弹头）多用途战斗部，每个子弹具有高速动能穿甲弹头与小型爆破战斗部相结合的功能，子弹上带有激光驾束稳定控制系统，命中精度高。采用指令瞄准制导（飞行段）加激光波束制导（子弹脱离母弹后）的复合制导方式。有单兵肩射、支架发射、8联装车载发射架发射等多种发射方式。

2023年4月10日,乌克兰第95空中突击旅的士兵,在社交媒体上发布了一段使用英国援助的新型便携式地空导弹攻击俄军无人机的视频。而值得注意的是,他使用的地空导弹是"马特利特"(Martlet,意为"无足鸟")地空导弹。该地空导弹是以"星爆"便携式地空导弹为基础研制的,最大射程8千米,比"星光"地空导弹射程更远。最大速度只有马赫数1.5,比"星光"地空导弹要慢。以激光驾束制导为主,可以直接使用"星光"地空导弹的观瞄发射装置。配用破片战斗部和激光近炸引信。对地和对海攻击型使用的则是破片和聚能装药双模战斗部,具备一定的反装甲能力。2021年5月形成初始战斗力,2023年初还没有正式装备英军,也没有正式外销,所以乌克兰实际上是该型地空导弹的第一个正式用户。英国人把如此新的装备援助给乌克兰,除了表示支持之外,应该还要借乌克兰战场测试这款新型导弹的各项性能。

士兵发射"马特利特"便携式地空导弹

防空利刃
——俄罗斯"道尔"-M1 地空导弹

20世纪80年代末期,苏联研制成"圆环胎"-M1地空导弹武器系统,1991年装备部队。这是一种机动式全天候近程防低空导弹武器系统,音译为"道尔"-M1,系统代号为9K330,北约称萨姆-15、"臂铠",1991年装备苏军陆军部队,主要用于取代"菱形"(萨姆-8)和"山毛榉-1M"(萨姆-11)地空导弹,对付固定翼飞机、直升机和各种精确制导空地武器,能有效抗击大规模饱和攻击。这种地空导弹的特点是机动性好、作战火力强,反应速度快、自动化程度高,可靠性好,结构紧凑,可独立执行作战任务。

"道尔"-M1地空导弹系统主要由1部目标搜索雷达、1部跟踪制导雷达、8枚9M331导弹、2个导弹运输发射箱、1部电视跟踪系统、旋转式炮塔和底盘组成。目标搜索雷达、跟踪制导雷达、导弹、导弹运输发射箱、电视跟踪系统都安装在炮塔上,炮塔、底盘构成一辆战斗车(代号9A331)系统,可独立完成监视、指挥、控制、导弹发射和制导等任务。目标搜索雷达采用三坐标脉冲多普勒体制,能自动识别目标和抗电子干扰,作用距离3～27千米,高低扫描范围0°～32°或32°～64°,能同时探测48个目标,跟踪其中的12个目标,自动跟踪最危险的目标。跟踪制导雷达采用相控阵脉冲多普勒体制,用于跟踪目标和引导地空导弹,跟踪距离25千米,可同时跟踪2个最大速度为700千米/小时的目标,同时引导2枚地空导弹攻击 2 个目标或 1 个特别危险的目标。电视跟踪系统可保证地空导弹系统在复杂战场环境条件下和电子干扰环境下正常工作，最大作用距离 20 千米。该地空导弹采用多模无线电制导、鸭式控制舵面和单级大功率固体火箭发动机，战斗部为破片杀伤式，配自适应无线电近炸引信。弹长 2 895 毫米，弹重 167 千克，战斗部重 17 千克，有效射程 1～12 千米，有效射高 10～6000 米，最大飞行速度 860 米/秒，机动过载 30g。导弹采用冷弹垂直发射，最小发射间隔 3 秒。系统战斗全重 34000 千克，反应时间 5～10 秒，机动速度 65 千米/小时，燃气涡轮发动机功率 75 千瓦，乘员 3 人。

"道尔"-M1 地空导弹的基本作战单元是地空导弹连。1 个标准的"道尔"-M1 地空导弹连由 1 辆指挥车和 4 辆发射车组成。配套车辆包括 4 辆装填运输车、数辆运输车和 1 辆地空导弹维修车。

为适应不同的作战需求，俄罗斯在"道尔"-M1 地空导弹的基础上，又研制出"道尔"-M1T 系列地空导弹系统，即"道尔"-M1TA（轮式卡车式）、"道尔"-M1TB（牵引式）、"道尔"-M1TC（固定式）。"道尔"-M1 和"道尔"-M1T 系列地空导弹系统采用通用作战装备，主要作战性能基本相同。

"道尔"-M1 地空导弹

略高一筹——优于"爱国者"的S-300防空系统

S-300地空导弹（北约代号萨姆-10）是苏联在20世纪60年代中期开始研制的一种能与美国"爱国者"地空导弹相媲美的全天候、全空域、多用途的地空导弹武器系统。1979年装备苏军防空部队。苏联解体后，俄罗斯继续改进和发展这种武器系统，至90年代末形成系列，已发展了S-300P（萨姆-10A）、S-300PM（萨姆-10B）、S-300PMU（萨姆-10C）、S-300PMU-1（萨姆-10D）、S-300PMU-2（萨姆-10E）等多种型号。在俄罗斯军队服役的，主要为S-300PMU和S-300PMU-1两种。它们是俄罗斯国土防空部队主要武器装备之一。

S-300PMU地空导弹武器系统由5B55P导弹、目标照射制导雷达、发射系统、监视指挥控制通信和情报（C^3I）系统（配在防空导弹旅一级）、目标监视雷达、指挥所（连接控制防空导弹旅一级各导弹连的发射系统）组成，于1985年装备苏军。1个地空导弹连装备有12辆发射车、48枚地空导弹（1个地空导弹连有4个发射单元，1个发射单元有3辆4联装的地空导弹发射车）。地空导弹连为基本火力单位，可独立执行作战任务，地空导弹连也可在防空导弹旅一级指挥控制下作战。该导弹长7.5米，弹径0.715米，发射重量1500千克。采用高爆杀伤战斗部和近炸引信，战斗部重150千克，最大飞行速度为马赫数7。动力装置为大功率固体燃料火箭发动机。采用无线电指令加末段 TVM 制导方式。最大有效射程 150 千米，射高 25～27000 米。采用垂直发射方式。"大鸟"三坐标搜索雷达作用距离 300 千米，可同时跟踪 100 个空中目标。"活盖板"多功能雷达用于搜索、跟踪、照射目标和控制导弹，作用距离 200 千米，采用相控阵天线，可同时控制 12 枚地空导弹，拦截 6 个目标。

S-300PMU 地空导弹武器系统的作战过程是：目标监视雷达把目标信息传给目标照射制导雷达，或者由目标照射制导雷达自主地截获目标；目标照射制导雷达向地空导弹发射车传送并装定发射导弹所需参数，发射系统按发射命令发射地空导弹；采用冷发射方式，地空导弹升空后发动机点火，按程序转弯，转向射击平面；目标照射制导雷达获取地空导弹飞行信息，向地空导弹发出制导信息并形成修正指令，向地空导弹上的无线电测向仪发出目标指示，使地空导弹截获目标；地空导弹按 TVM 制导（无线电指令和半主动寻的制导）原理飞向目标，进入拦截区时引信引爆战斗部，击毁目标。

1993 年，S-300PMU-1 进入俄罗斯军队服役，与 S-300PMU 相比较，其性能有了很大提高。例如，采用48H6E导弹，射程由90千米提高到150千米（对战术弹道导弹拦截距离为 40 千米）；反应时间由 5 秒降为 3 秒；导弹飞行速度由 1800 米/秒提高到 1900 米/秒，发射重量由 1625 千克加大到 1900 千克；弹长、弹径、翼展和发射筒尺寸略有加大。

俄罗斯的 S-300PMU 和 S-300PMU-1 地空导

S-300PMU-1防空系统发射

弹武器系统与美国 MIM-104 "爱国者"地空导弹武器系统相比较，两者作战性能大体旗鼓相当，同属第三代产品，都能拦截战术弹道导弹。从外形观察，S-300 粗大笨重。但在性能方面细微分析，S-300 比"爱国者"略高一筹。"爱国者"射程可达 80 千米，而 S-300PMU 可达 90 千米，S-300PMU-1 更是可达 150 千米；"爱国者"作战高度可达 24 千米，而 S-300PMU 和 S-300PMU-1 则可达 27 千米。

全域防空——俄罗斯 S-400 防空系统

20 世纪 80 年代，苏联开始在极度保密的情况下，由"金刚石"中央设计局牵头设计研制，"火炬"机械制造设计局、新西伯利亚测量仪器研究所、圣彼得堡特种机械制造设计局和其他一些科研单位参与协作，研制新一代防空防天反导系统，1999 年 2 月进行了首次发射试验。最初系统编号为 S-300PMU-3，之后更名为 S-400 系统，北约称其为萨姆-21"凯旋"防空反导系统，绰号"咆哮"。2003 年 7 月，俄罗斯空军总参谋长正式宣布，S-400 的实弹试验取得了圆满成功。该系统可采取阵地防御和机动防御相结合的作战方法，拦截预警机、远程电子战飞机、战术弹道

S-400 防空系统

导弹、巡航导弹，以及其他现代化空袭兵器，是世界上第一种射程远、可以选择使用多种地空导弹并可同时发射数种导弹对付不同目标的地空导弹系统，具有对付多种目标、杀伤范围广、抗干扰能力强、高度自动化和全天候作战的特点。2010年S-400防空系统装备俄罗斯空军防空部队，2011年开始外销。

S-400以俄军现役S-300系统为基础研制，但杀伤目标范围、作战效能和杀伤目标多样性都优于S-300系统。它由自动化指挥控制系统与多种具有独立作战能力的导弹系统组成，各作战单元可以远离制导雷达站，通过数据链联结，使火力覆盖区域大幅延伸；作战单元数量增加到8个（S-300PMU-1/2为6个），提高了系统攻击多目标的能力。

S-400包括指挥控制系统和火力单元两部分。指挥控制系统包括1辆搜索指示雷达车和1辆指挥控制车。36H6照射制导雷达是先进的多功能、多通道、全相准连续波相控阵雷达，探测和跟踪距离远，主要用于对高空、中空、低空来袭的弹道导弹的搜索，并引导地空导弹对其实施拦截，可同时完成搜索跟踪目标、引导导弹、反电子干扰等任务，可同时引导多枚地空导弹、攻击多个目标，尤其适合在强烈的电子干扰环境下作战。76H6低空搜索雷达可以安装在23.5米高或38.8米高的桅杆上，提高了对低空目标的探测能力。

S-400火力单元（最小作战单位）包括1辆相控阵制导雷达车（采用91H6E车载相控阵雷达系统）和数辆导弹发射车。每辆发射车上可装载不同类型和不同数量的地空导弹，配置极为灵活。S-400的地空导弹包括俄罗斯现役的萨姆-2、萨姆-10、萨姆-15系列地空导弹和正在研制的新式地空导弹，可实施高空远程至低空近程多层次防御。

鉴于S-400系统具备性能好、机动性强和小型化便于隐蔽部署等特点，俄罗斯空军将采取环形配置和多层拦截的双层环形防御圈作战样式，以期更加有效地抗击敌方高空、中空、低空目标的饱和攻击。外层环形防御圈主要由地面远程警戒雷达和S-400地空导弹系统组成。内层环形防御圈主要由地面近程警戒雷达，S-400系统及陆军"水青冈"-M1中程地空导弹系统和"道尔"-M1地空导弹，以及"铠甲"-S1、"通古斯卡"近程弹炮结合防空武器系统和高射炮组成。

S-400配备有"记者"-E电子对抗装置，可以自动发现来袭的反辐射导弹，并及时向地面搜索和警戒雷达发出短时间关机指令。在向地面搜索和警戒雷达发出关机指令的同时，电子对抗装置向来袭的反辐射导弹实施欺骗式干扰，力图使其偏离预设的攻击轨道。

S-400的防空作战对象，将以拦截"战斧"巡航导弹一类目标为主，以期将战争初期遭受敌方第一波打击的损失降到最低。在防空作战指挥方面，为了有效地提高协同作战能力和对空中目标实施拦截的作战效率，S-400将与空中预警机和战斗机建立统一信息火控系统子系统。

S-400以团为建制单位，配备的自动化指挥系统包括相控阵雷达、团指挥所、大型火控计算机和探测距离为500千米的新型相控阵超视距雷达,可以同时对8个S-400营实施指挥,从而构成以团为中心的阵地式或机动式防空火力集群。大型火控计算机可以判定空中目标的性质和种类,还可以识别最危险的目标。营是S-400团的基本作战单位,每个营装备照射制导雷达、低空搜索雷达和12辆导弹发射车。每个营编有4个连,每个连装备3辆地空导弹发射车。

S-400战术技术性能主要参数如下:雷达目标探测距离600千米,可同时跟踪300个目标,对飞机、巡航导弹等目标的雷达探测范围为360°×14°,对弹道导弹目标的雷达探测范围为60°×75°,对飞机、巡航导弹等目标的毁伤距离为400千米,对弹道导弹

机动中的S-400防空系统

发射中的 S-400 防空系统

等目标的毁伤距离为 2～180 千米,毁伤目标的最大高度为 80 千米,毁伤目标的最小高度为 10 米,目标最大速度 5800 米/秒(马赫数 18),能够同时攻击 48 个目标,同时引导导弹瞄准 85 个目标,行进中展开时间为 2～3 分钟,地空导弹系统设备从展开状态进入战备状态的反应时间为 1 分钟,大修之前系统设备工作寿命 15 年。综合比较,S-400 在导弹飞行速度、命中精度等方面,均优于美国的"爱国者"PAC-3,是当今世界上性能最好的防空反导系统。

防天反导——俄罗斯 S-500 系统

20 世纪 90 年代,俄罗斯认识到美国的空天进攻力量将对俄罗斯构成严重威胁。因此,尽快在 S-400 防空反导系统基础上,发展具有空天防御功能的新型武器系统,成为俄罗斯落实"非核遏制"战略的一项重要举措。在以美国为首的北约军事集团重视研发高超声速空袭武器和先进弹道导弹的形势下,俄罗斯 S-500 防空反导系统应运而生。

2002 年,俄罗斯开始由金刚石-安泰公司着手论证研制新一代地空导弹系统的可行性及其总体战术技术指标。2011 年,俄罗斯决定由下诺夫格罗德机械制造厂生产 S-500 防空反导系统。2011 年 12 月 S-500 防空反导系统完成首次全系统模拟试验,2014 年 6 月首次试射成功。2021 年,俄罗斯国防部接收首批 S-500 防空反导系统,装备俄罗斯空天军部队。

S-500 防空反导系统的俄文名称 C-500,代号为 55R6M,中文译名为"胜利者"-M,英文译名为 S-500,简称为 S-500 系统,北约称其为"普罗米修斯",其他国家也以此作为该系统的绰号。

S-500 基本上由战术指控系统、防空反导作战单元和防天反导作战单元三大部分组成,是将多型地空导弹等防御系统进行组网或将多型地空导弹综合集成到一个平台内,构成新一代防空防天反导一体化的综合武器系统。该系统的装备组件具有系列化、通用化、模块化、标准化的特点,既可以构成弹族化的大系统,也可根据防空、反导、防天、反卫星等多样化作战需求，灵活配置为各种专用的和对付多种目标的作战系统。该系统可用于攻击飞机、中空飞行器、中近程弹道导弹、巡航导弹等目标，还能用于攻击卫星和拦截远程弹道导弹，具有作战运用范围广、技术战术性能优异、抗干扰能力强等特点。

在防空战术性能上，S-500较S-400提升了50%的射程，反隐身探测能力也大为加强，在美军第五代战机与俄军地空导弹的"矛与盾"对决中，俄军可凭借S-500防空反导系统取得"先手"；在防天反导能力上，S-500在拦截目标高度和目标速度上均较S-400提高1倍以上。从设计指标看，S-500几乎可以拦截美国所有现役空袭武器和洲际导弹，可以实现空天一体防御。

S-500的战术指挥控制系统由远程搜索雷达与指挥制导站组成；防空反导作战单元主要由指挥控制站、雷达站、制导雷达，以及导弹发射装置、近程反导拦截弹、远程反导拦截弹组成；防天反导作战单元主要由指挥控制站、雷达站、有源相控阵雷达、导弹发射装置组成。除上述系统外，S-500还配备有技术保障系统。

S-500的反导拦截弹自行发射车，可以装载拦截导弹2枚。地空导弹发射车与S-400的相似。S-500的其他装备，均由10×10全驱动大型卡车运载，具有很强的全系统机动性。作战准备时间仅为10分钟。

S-500配套3种型号的地空导弹，具体如下。

（1）40N6M地空导弹，主要担负远程防空、非战略反导、反高超声速目标等任务。40N6M是

S-400 系统 40N6 地空导弹的改进型，在外形尺寸上与 40N6 地空导弹基本一致。采用雷达双波段红外复合导引头或主动半主动雷达导引头。增加了一级发动机，对飞机的拦截距离为 400 千米，采用定向破片杀伤战斗部，可远距离拦截预警机、电子战飞机等高价值空中目标。兼顾末段反导功能，可拦截距保卫目标 60 千米、高度 40～50 千米的弹道导弹。

（2）77N6-N 拦截导弹，主要担负战略反导任务。77N6-N 为近程拦截弹，由"战斗部、二级助推器、一级助推器"三级串联构成，最大拦截高度 165 千米，对弹道导弹的拦截距离为 150 千米，采用动能杀伤战斗部或定向破片杀伤战斗部。

（3）77N6-N1 拦截导弹，主要担负反低轨道卫星任务。77N6-N1 为远程拦截弹，同样由"战斗部、二级助推器、一级助推器"三级串联构成，最大拦截高度 200 千米，对卫星的最大打击距离为 700 千米，采用动能杀伤战斗部或小型核战斗部。

需要说明的是，77N6 系列拦截弹的构型与美国"宙斯盾"反导系统配套的"标准"SM-3 系列导弹类似，但 SM-3 系列导弹在科技含量尤其是制造成本方面远远高于 77N6 系列拦截导弹。

S-500 的指挥控制系统主体是导弹团指挥站，由两辆功能不同的指挥车构成。91N6E 双面相控阵预警和作战管理雷达配置在导弹团指挥站，根据敌情向下属火力营分配拦截任务。每台雷达车和指挥车中均配备"车载计算导航分系统"，可接收来自"格洛纳斯"导航卫星的信息。通信解码器可以接收来自超短波通信网的信息。

S-500 的探测系统包括两种型号的 4 部雷达，分别是：96L6-TC 三坐标阵列搜索雷达，工作于 C 波段；91N6E 双面相控阵预警和作战管理雷达，工作于 S 波段；77T6 反导火控雷达，是一部多功能 X 波段有源相控阵雷达，用于探测、搜索、跟踪和目标识别；76T6 多功能火控雷达，用于导弹的发射。组网后的雷达系统将数部形成子阵的雷达进行分布式配置，通过控制雷达子阵信号的相位或幅度变化，可使

S-500 防空反导系统

敌方反辐射导弹无法精确探测、跟踪多个雷达子阵辐射源，这样敌方的反辐射导弹就很难击中雷达，即便个别雷达子阵被击中，整个雷达系统仍能正常工作。此外，探测系统还具有雷达探测距离远、导弹拦截范围广、抗干扰能力和地面机动性能强等特点。

S-500防空反导系统1个作战单元最多可同时拦截10个目标，既能拦截导弹又能攻击其发射平台。拦截区可高达200千米，可以拦截最大飞行速度3600米/秒的目标；X波段有源相控阵雷达探测距离可达800千米，这意味着S-500可以在F-22飞机进入攻击阵位前发现并摧毁它。俄罗斯在世界上率先创建了多型导弹、多种杀伤手段、多种用途综合一体化的S-500防空防天反导系统，颠覆了美国"末段高空区域防御系统"（"萨德"系统）以单型导弹实现单一战区反导功能的美国模式，在发展理念、武器类型、目的用途、技术途径及作战运用等诸多方面，均超过美国"萨德"反导系统。S-500防空反导系统顺利列装，不但使俄罗斯继续保持在机动地空导弹技术领域的领先地位，也将为俄罗斯提供可靠的战略安全保障，对打破北约的战略合围具有重要作用。

两针媲美
——俄罗斯的"针"-1和"针"

20世纪90年代,在安哥拉和独联体国家的种族冲突中,交战双方都使用了"针"-1地空导弹。1991年海湾战争中,伊拉克防空部队使用"针"-1地空导弹,击毁过4架AV-8B"猎鹰"Ⅱ飞机。后来,伊拉克防空部队还曾使用过"针"地空导弹。这两种地空导弹头部都装有用于减少飞行阻力的针状杆(鼻锥),这是被称为"针"-1和"针"的原因。

"针"-1和"针"地空导弹,是苏联科罗姆纳机器制造设计局分别于20世纪70年代末和80年代初研制成的两种红外被动寻的制导的便携式地空导弹。它们主要供单兵使用,用于拦截从低空、超低空进入的飞机和直升机。

"针"-1地空导弹武器系统代号为9K310,导弹代号9M313,北约代号萨姆-16,绰号"手钻",20世纪70年代末研制成功,1981年装备苏联陆军部队。伊拉克、尼加拉瓜、安哥拉、保加利亚和芬兰等国家曾进口此种地空导弹。在安哥拉战争和海湾战争中曾使用,伊拉克军队用它击落过数架固定翼飞机。这种地空导弹采用单通道制冷式红外导引头和自动驾驶仪构成的制导系统,被动红外寻的制导,比例法导引。其作战距离0.5～5千米,作战高度0.01～3.5千米,杀伤概率60%。弹长1.673米,弹径72毫米,弹重10.8千克,最大飞行速度880米/秒,配装半预制破片杀伤战斗部。该导弹能以尾追方式,又能以迎击方式攻击快速飞行的目标，是80年代初性能先进的地空导弹之一。出口型为"针"-1E，改进型为"针"-1M。

"针"地空导弹武器系统代号为9K38，导弹代号9M39，北约代号萨姆-18，绰号"松鸡"。该导弹系统于20世纪80年代初在"针"-1的基础上研制，1983年装备苏联军队，独联体各国及伊拉克、芬兰、保加利亚、南斯拉夫等国家也有装备。这种地空导弹与"针"-1地空导弹相比，主要是采用双波段改进型红外导引头，使导弹可以抗红外干扰，能有效地对付北约军队新型红外干扰装置和红外闪光，可实施全

"针"-1便携式地空导弹总成

向攻击，这使"针"成为 80 年代先进的便携式地空导弹。伊拉克曾在 1991 年海湾战争中使用了此种导弹。90 年代初，俄罗斯研制出"针"-1 地空导弹系统的改进型"针"-2 地空导弹系统，包括"针"-Д 和"针"-H 两种型号。其中，"针"-Д 地空导弹的发射筒长缩短为 1100 毫米，便于空降突击部队使用；"针"-H 导弹的战斗部加大，杀伤作用增强，但射高有所降低，便于对武装直升机射击。21 世纪初期，俄罗斯又研制出最新改进型"针"-C，又名"超级针"，采用新型破片杀伤战斗部和近炸引信及双波段红外导引头，抗干扰能力更强，命中精度显著提高。

俄罗斯及独联体其他国家，已逐步用"针"便携式地空导弹取代"针"-1 便携式地空导弹，"针"将成为陆军防空分队对付近程低空目标的主要武器。俄军将"针"与 23 毫米高射炮组合成"通古斯卡"弹炮结合防空武器系统，提高了防空武器系统的综合作战能力和机动性能。机载型和舰用型的"针"系列地空导弹已研制成功，使这种地空导弹成为一种陆、海、空三军通用的防空武器系统。

自主作战——瑞典 RBS-90 地空导弹

RBS-90 地空导弹是瑞典博福斯公司研制的自主式近程地空导弹系统，以解决 RBS-70 地空导弹夜间作战能力不足的问题。这种地空导弹于 1983 年开始研制，1990 年定型生产，90 年代初装备瑞典陆军师属混合防空营，挪威军队也有装备。

RBS-90 地空导弹系统由双联装发射架组合、雷达、发射设备及两辆越野车组成。发射架组合包括热像仪、电视摄像机及激光发射机，装在 1 辆越野车上。另 1 辆越野车作为射击指挥车，车顶部安装雷达。1 个火力单元有 3 名操作手，即火力控制手兼雷达操作手、作战协调手和射手，3 人协同完成作战任务。在火力单元接收雷达发送的目标信息后，启动发射架上的观察瞄准仪，搜索及跟踪目标，并通过遥控线路将跟踪情况显示在射手的电视屏幕上，由射手用光电瞄准具的"十"字线对正目标，使地空导弹自动跟踪目标。当目标进入地空导弹有效射程时，发射地空导弹并按指令制导规律自动飞向目标。这种地空导弹昼夜均可投入战斗，还可以根据目标种类，选用配装常规战斗部的 MK1 型地空导弹或选用配装具有破甲和杀伤两种效能战斗部的 MK2 型地空导弹。

MK2 型地空导弹的最大射程 6 千米，最大射高 4 千米；该导弹重 26 千克，配装激光近炸引信、空心装药预制破片战斗部，能穿透攻击机、武装直升机和轻型装甲车辆的装甲；飞行速度为马赫数 1.8，采用激光驾束制导，单发命中概率不低于 95%；预警雷达作用距离75千米，可以同时跟踪20个目标，并把目标指示数据传输给地空导弹系统的火力单元；搜索和目标指示雷达作用距离20千米，能够提供较为精确的目标信息，控制发射装置精确瞄准目标。

在RBS-90地空导弹武器系统的基础上，瑞典博福斯动力公司1996年开始为陆军研制自行式"博萨姆"地空导弹系统，将装备在陆军师级和旅级防空分队。

RBS-90便携式地空导弹

取长补短
——性能互补的弹炮结合防空系统

弹炮结合防空系统是将地空导弹和高射炮装配在同一车体上或两三个车体上,共用一个火控系统控制发射的武器系统。它是一种比较轻便的低空近程防空系统,主要用于对付低空、超低空飞行的飞机和直升机。

20世纪50年代地空导弹装备部队后,飞机空袭时常采用多批多架,从不同方向、不同高度飞临目标区,而且从低空进入的攻击行动增加。为了对付不同方向、不同高度来袭的飞机,20世纪60年代开始将地空导弹部队和高射炮部队混合配置,构成多层防空火网,使地空导弹和高射炮在战术上互相配合。以后,又将地空导弹和高射炮混合编成防空分队,以便于组织训练和实施装备保障。20世纪70年代出现了地空导弹和高射炮分离配置,但共用一个火控系统的做法。例如,瑞士机动型"防空卫士"火控系统,可以控制两门35毫米高射炮和联装4枚"阿斯派德"地空导弹的发射架发射。1970年,苏联乌里扬诺夫斯克工程机械厂开始研制2S6"通古斯卡"弹炮结合防空系统,1986年装备苏联陆军摩步团和坦克团,1992年印度陆军采购装备了54套。1978年,意大利康特拉夫斯公司应埃及防空司令部的要求,开始研制"空中卫士/阿芒"弹炮结合防空系统,1984年底制成第一套系统,1987年18套系统全部装备埃及防空部队。1981年,美国陆军火箭和导弹局及坦克机动车辆局,共同研制了自行式"赛特猎狗"弹箭结合防空系统。1983年,美国通用电气公司开始研制牵引式"吉麦格"-25弹炮结合防空系统,1984年投产,并公开出售。20世纪90年代,多个国家已研制出多种弹炮结合防空系统,如美国的改进型"运动衫"弹炮结合防空系统和LAV-AD弹炮箭合一防空系统、联邦德国的"野猫"弹炮结合防空系统、俄罗斯的2S6"通古斯卡"弹炮结合防空系统和"铠甲"-S1弹炮结合

2S6"通古斯卡"弹炮结合防空系统及其导弹

防空系统、埃及的"西奈"-23弹炮结合防空系统和"尼罗"-23弹炮结合防空系统、瑞士的"天盾"弹炮结合防空系统。

  研制这种弹炮结合防空系统的基础，主要是20世纪六七十年代研制的便携式地空导弹（也有使用其他低空近程地空导弹的）、小口径高射炮（也有使用防空火箭的）和防空火控系统，以及不同形式的车辆底盘。这种防空武器系统的结构形式有多种，从运动方式上可分为牵引式和自行式，但主要是自行式。配装简易火控系统的只安装普通的光学瞄准具或光电火控装置；配装复杂火控系统的还安装有目标搜索雷达和目标跟踪雷达。"三位一体"的弹炮结合防空武器系统，如俄罗斯的2S6M"通古斯卡"弹炮结合防空武器系统，是由两部双联装萨姆-19地空导弹发射装置、双管30毫米高射炮和火控系统组装在一辆装甲运输车体上，是世界上第一个正式装备部队并经过实战检验的弹炮结合防空系统；"四位一体"的弹炮结合防空系统，如德国的"野猫"弹炮结合防空系统，由"毒刺"（或"西北风"，或RBS-70）地空导弹、30毫米双管高射炮、搜索雷达和包括跟踪雷达、多种光电跟踪装置的火控系统组装在同一装甲车底盘上；分装在两三个载车上的弹炮结合防空系统，如埃及的"尼罗"-23弹炮结合防空系统，由火力、火控、搜索三个单元组成，分装在三辆履带式装甲车体上，其火力单元车装有23毫米双管高射炮、4枚"鹰眼"便携式地空导弹和简易光学瞄准装置，其火控单元车装有电视跟踪装置、激光测距机、红外摄像机和跟踪雷达，其搜索单元车装有低空警戒雷达。

在已装备的弹炮结合防空系统中，地空导弹有效射程可达 4～8 千米，高射炮有效射程一般为 2～4 千米。这种系统的最大特点如下。

（1）能有效地发挥地空导弹和高射炮两种武器各自的优点，相互弥补各自不足，作战时密切协同，构成重叠衔接的多层拦截火力，达到最佳杀伤效果。

（2）全系统结构紧凑，射速快，火力强，机动方便，可以紧跟摩托化步兵、坦克部队、炮兵部队，实施有效的跟进掩护和伴随掩护。因此，这种综合集成式的新型武器系统，在野战机动防空方面，具有较强的优势。

率先列装——苏联 2S6M "通古斯卡"弹炮结合防空系统

2S6M "通古斯卡"弹炮结合防空系统，是2S6 "通古斯卡"弹炮结合防空系统的改进型，由俄罗斯乌里扬诺夫斯克工程机械厂研制生产，北约代号萨姆-19，绰号"格森"，1987年装备苏联陆军驻民主德国的团属混合防空连，1991年后装备俄罗斯陆军并出口到印度，用于对付中低空飞行目标和反坦克武装直升机。该系统可以全天候自主作战，是世界上第一个正式装备部队并参加过实战的弹炮结合防空武器系统。

2S6M "通古斯卡"弹炮结合防空系统由两门30毫米双管高射炮、两部4联装地空导弹发射装置、9M311地空导弹、火控系统、旋转炮塔、轻型履带式底盘组成。两门高射炮分别位于炮塔两侧，采用导气式工作原理和各自独立的弹链式自动双向供弹系统，可在行进中射击，射程0.2～4千米，射高3千米，初速960米/秒，高低射界-6°～+80°，方向射界360°，单炮射速1950～2500发/分，反应时间10秒。两部地空导弹发射装置分置于炮塔左右高射炮外侧，采用两级火箭发动机、半主动无线电指令和红外寻的制导方式，战斗部为破片/连续杆式，配激光近炸引信；地空导弹全重42千克，战斗部重9千克，引信最大起爆距离5米，射程2.5～8千米，射高0.015～3.5千米，最大速度900米/秒，反应时间10秒。地空导弹只能在停车时射击。火控系统包括跟踪和搜索雷达、敌我识别器、数字式火控计算机、稳定式光学瞄准具、滚转和航向改变角测量系统等。跟踪雷达作用距离 13 千米，搜索雷达作用距离 18 千米。敌我识别装置与搜索雷达结合在一起使用，自动进行敌我识别。火控计算机监督全系统作战全过程的状态，给出目标参数，计算高射炮和地空导弹的射击诸元与光学瞄准具探测跟踪目标的参数，将滚转和航向改变角测量系统测量的倾斜数据转换为稳定指令，传输到雷达和光学瞄准具，保证高射炮行进间瞄准和射击。炮塔内可容纳车长、火控系统、雷达操作员控制台及炮手工作台。底盘采用液压机械传动装置和液气式悬挂装置，车体用装甲钢板焊接而成。系统战斗

2S6M"通古斯卡"弹炮结合防空系统

2S6M "通古斯卡" 弹炮结合防空系统

全重 34 吨，公路最大行驶速度 65 千米/小时，最大行程 500 千米，行军战斗转换时间 5 分钟，随车携带炮弹 1904 发、地空导弹 8 枚，乘员 4 人。

俄罗斯在该系统基础上发展了改进型 2S6M "通古斯卡" 弹炮结合防空系统。改进型提高了抗电子干扰能力，地空导弹射程提高到 10 千米。20 世纪 90 年代后期，在 2S6M "通古斯卡" 弹炮结合防空系统基础上，俄罗斯图拉仪器仪表设计局研制出 "铠甲" －S1 弹炮结合防空系统。

性能先进——俄罗斯"铠甲"-S1弹炮结合防空系统

20世纪80年代末期,苏联军方提出,研制一种能够伴随陆军机械化装备行动,具有较强低空和超低空防空能力,兼具"通古斯卡"弹炮结合防空系统和"道尔"地空导弹在战术使用方面的优长,既能拦截精确制导的来袭导弹,又能抗击飞机和武装直升机空袭的新一代通用防空武器系统。在此需求下,图拉仪器仪表设计局于90年代初,在2S6"通古斯卡"弹炮结合防空系统的基础上,开始研制"铠甲"-S1弹炮结合防空系统。2010年3月,"铠甲"-S1弹炮结合防空系统装备俄军,该系统主要用于保卫机场、指挥中心等重要目标,可攻击精确制导导弹和飞机,是当时世界上第一种地空导弹和高射炮均可以在行进中射击的自行式防空系统。该系统性能优越,很快就出口到阿拉伯联合酋长国、叙利亚、阿尔及利亚等国家。

"铠甲"-S1弹炮结合防空系统有轮式和履带式两种型号,各单元的组成大体相同。原型系统由2部6联装地空导弹发射架、2门30毫米高射炮、火控系统、炮塔和1辆越野车组成。使用9M311改进型地空导弹、2A72式30毫米高射炮,配用穿甲燃烧弹、燃烧榴弹和曳光榴弹。火控系统包括搜索探测雷达、主动相控阵目标跟踪制导雷达和光电装置,可同时跟踪20个目标,对飞机探测距离32千米。载车为重型前控越野车。高射炮对飞机射程1500~2000米,对

"铠甲"-S1 弹炮结合防空系统

直升机射程 4000 米,发射速度 340 发 / 分。地空导弹最大射程 12000 米,最大射高 6000 米。系统展开时间 5 分钟,反应时间 4～6 秒,系统全重 20 吨,乘员 3 人。

整个系统的设计实现了模块化,在原型结构的基础上,可以衍生出几种不同的改型,只是在武器或武器控制系统的构成上有所区别。例如,在原型系统基础上,只配备光电跟踪和制导系统的近程防空系统,虽然射程有所降低,但具有效能高、造价低的优点,战车的外形尺寸减小、重量降低，全系统的售价降低了将近一半，而且提高了抗击敌方精确制导武器攻击的能力和抗干扰能力。

"铠甲"-S1 转塔上有 12 具导弹发射筒和 2 门 30 毫米高射炮

型号多样
——美国研制的弹炮结合防空系统

20世纪80年代,为了充分发挥小口径高射炮和地空导弹的优长,一些国家不甘落后,陆续研制出一批弹炮结合防空系统。其中,美国研制了数个弹炮结合、弹箭结合的防空系统。

1981年,美国陆军火箭和导弹局及坦克机动车辆局,共同开始研制自行式"赛特犬"弹箭结合防空系统,1984年陆军火箭和导弹局展出了试制成不久的系统样品。该系统主要用于射击低空飞行目标,也可以用于射击地面轻型装甲目标。系统由2个4联装"毒刺"地空导弹发射架、6个9联装火箭弹发射器和光电火控装置组成。炮塔装在M998轮式战车底盘上。火控装置包括电磁式探测器、激光测距仪、前视红外装置、半自动射击指挥仪等。车上可载8枚待发导弹、54枚"长钉"防空火箭弹。防空火箭弹重2千克,直径约为48毫米,作用距离1.5千米,最大速度为马赫数5。

1982年,美国开始研制便携式地空导弹与25毫米自动炮结为一体的"运动衫"-25式弹炮结合防空系统,1984年展出样机。该防空系统有多种设计方案,其中一种方案是由1门GAU-12/U式25毫米5管加特林自动炮、两部双联装RBS-70便携式地空导弹发射装置、1部4联装"毒刺"便携式地空导弹发射装置、M2型布雷德利战车底盘和HARD型雷达等组成。除雷达外,火控系统还配有激光测距仪、前视红外探测器和数字式火控计算机。配用25毫米曳光燃烧榴弹和曳光脱壳穿甲弹。高射炮初速1097米/秒，最大射程3000米，有效射程1100米，射速可达2000发/分。RBS-70导弹射程5000米，最大射高3000米。"毒刺"地空导弹射程300～5000米，射高10～3000米。最大时速66千米，最大行程483千米，乘员4人。

1992年，美国和法国合作，开始研究改进型"运动衫"-25式弹炮结合防空系统，1995年完成试验，用于对装甲机械化部队实施对空掩护。该系统由1部4联装"西北风"地空导弹发射装置、1门25毫米5管加特林自动炮、1套火控系统、1辆"剪刀鱼"装甲车底盘组成，可以用直升机空运。火控系统包括1部雷达和1个昼夜电子光学瞄准镜。高射炮最大射程3000米，有效射程1100米，射速可达2000发/分。

"运动衫"-25式弹炮结合防空系统

地空导弹对飞机射程 6000 米，对直升机射程 4000 米，射高 10～3000 米，雷达能同时探测 40 个目标，同时跟踪 8 个目标，能在 8 千米距离上确定直升机悬停位置。

1982 年，美国在研制"运动衫"-25 弹炮结合防空系统的同时，开始研制便携式地空导弹与 30 毫米自动炮结为一体的"运动衫"-30 弹炮结合防空武器系统，1984 年展出样机，主要用于射击低空目标。该系统由 GAU-13/A 式 30 毫米 4 管加特林自动炮、"吹管"或"标枪"便携式地空导弹、搜索雷达和"剪刀鱼"轮式装甲车底盘组成。火控设备除雷达外，还包括激光测距仪、前视红外显示器和数字式火控计算机。炮塔可安装在不同的履带式或轮式车辆上。配用与美国 GAU-13 式 30 毫米航炮相同的弹药。高射炮初速 1066/秒，有效射程 1524 米，射速 2400 发/分。"吹管"地空导弹最大射程 4800 米，最大射高 2000 米。"标枪"地空导弹最大射程 5500 米，最大射高 4500 米。载车最大时速 100 千米，最大行程 780 千米。

20 世纪 90 年代初，美国和以色列联合研制了 ADAM/HVSD 弹炮结合防空系统。ADAM/HVSD 是"防空反坦克导弹/重要阵地防御"的英文缩写。该系统由 12 枚联装 ADAM 地空导弹垂直发射装置、6 管 20 毫米"守门员"高射炮、火控系统和载车组成。火控系统包括搜索雷达、跟踪雷达、制导雷达。跟踪雷达可以跟踪高速飞机、弹道导弹、巡航导弹和直升机，可对 ADAM 地空导弹和"守门员"高射炮进行控制。制导雷达以指令控制地空导弹飞向目标，决定起爆方式（近炸或延期）和起爆时机，引爆战斗部。高射炮有效射程 500～2000 米，地空导弹射程 500～12000 米，飞行速度为马赫数 2。

1998 年，美国海军陆战队装备了两种配置方案的 LAV－AD 弹炮结合防空系统。其中，一种方案是以 4 联装"毒刺"地空导弹、1 个 70 毫米 7 管火箭发射器和 1 门 GAU－12/U 式 5 管 25 毫米高射炮组合而成；另一种方案是以 4 联装"毒刺"地空导弹、1 个 70 毫米 7 管火箭发射器和 1 门 M242 式 25 毫米高射炮组合而成。GAU－12/U 式 5 管 25 毫米高射炮的射速为 1800 发/分，行进间射击效果良好。M242 式 25 毫米高射炮射速 500 发/分，虽然射速较低，但它射击精度高，配用高爆榴弹适于射击固定翼飞机，配用穿甲弹适于射击装甲防护较强的武装直升机和轻型装甲车。

LAV-AD 弹炮结合防空系统

防空力量承国运

后来居上——屡建战功的地空导弹

20世纪初，飞艇、飞机等空袭兵器问世并用于战争之后，与空袭兵器进行搏斗的地面防空武器，主要是高射炮和高射机枪。到了20世纪50年代，防空武器中增加了新成员，那就是地空导弹。它的出现和使用，对防空作战产生了重大影响，使得防空战略的制定、防空战役的组织实施、防空战术的创新运用都出现了重要变革，为防空战史不断谱写出新篇章。

1959年10月，中国人民解放军防空部队使用苏联研制的萨姆-2地空导弹击落美制蒋机RB-57D高空侦察机1架，开创了世界上第一个用地空导弹击落飞机的战例。1960年底，苏联使用地空导弹击落美国U-2高空战略侦察机，是世界防空史上用地空导弹击落敌机的第二个战例。后来，中国地空导弹部队又相继击落U-2高空战略侦察机5架、无人驾驶高空侦察机3架、歼击机1架。RB-57D、U-2和无人驾驶高空侦察机，在当时都是实施高空侦察最先进的飞行器，飞行高度可达两万米，而当时歼击机的飞行高度达不到两万米，大口径高射炮有效射高也达不到这个范围，其他高射炮更是望尘莫及。只有地空导弹才能击毁高空侦察飞行器。

在越南抗美救国战争中，从1964年8月至1968年11月，战争的头几年美军损失飞机915架，被地面防空武器击落的占94.8%。1965年7月，越南开始使用苏制萨姆-2地空导弹，第一次作战就击落美制F-4战斗机3架。1965年7月26日至8月29日，

"霍克"地空导弹

越南地面防空武器击落美机 100 余架。1972 年 12 月 18 日至 30 日，美国使用 B-52 战略轰炸机对越南北方实施"地毯式"轰炸。在这次被美军称为"后卫Ⅱ战役"中，出动 B-52 战略轰炸机近 700 架次，战术攻击机近 1800 架次，投掷炸弹 5 万余吨。越南人民英勇抗击，12 天击落美机 81 架，其中包括 B-52 战略轰炸机 32 架。这 32 架中的 29 架是被地空导弹击落的，占击落 B-52 战略轰炸机总架数的 90%。仅 1972 年 12 月 26 日夜，河内附近的地空导弹部队就击落 B-52 战略轰炸机 16 架。B-52 战略轰炸机是当时美国战略空军中的"王牌",飞得高,带弹量大,在高空水平投弹破坏力强,一般的防空武器无力对付它,而地空导弹正是制服它的有效武器,成为B-52战略轰炸机的克星。

1973年10月6日至24日共18天的第四次中东战争中,以色列的飞机共被埃及击落114架,其中被萨姆-6、萨姆-7地空导弹和高射炮击落的为80架。在80架中,被地空导弹击落的约为50架,而仅萨姆-6地空导弹击落的就有41架。据资料统计,交战双方共损失飞机554架,地空导弹击落的为340架。以色列发射22枚"霍克"地空导弹,击落阿拉伯国家的作战飞机25架,并创造了一弹击中两机的奇迹。如此战绩,令阿拉伯人瞠目结舌。

在1982年英阿马岛战争中,英国军队使用"长剑"地空导弹击落阿根廷飞机9架,使用"吹笛"地空导弹击落阿根廷飞机8架。阿根廷军队使用"罗兰特"地空导弹击落英军飞机4架。

1983年初,阿富汗抵抗力量在一次战役中,用萨姆-7地空导弹击落苏军米-8直升机8架。1986—1987年阿富汗游击队使用"毒刺"地空导弹,击落约500架苏军飞机和直升机。在一段时间内,平均每天击落敌机1架。战果最大的是在贾拉拉巴德机场附近,阿富汗游击队使用"毒刺"地空导弹,一天就击落苏军飞机4架。

1991年1月16日开始的海湾战争,多国部队使用"爱国者"地空导弹,多次拦截伊拉克发射的"飞毛腿"战术导弹。1月18日凌晨,两枚"飞毛腿"战术导弹射向沙特阿拉伯，驻沙特阿拉伯美军使用"爱国者"地空导弹拦截成功，击毁1枚飞向美军驻地的"飞毛腿"战术导弹，首次创造了用地空导弹击落弹道导弹的成功战例。1月21日，伊拉克向沙特阿拉伯境内发射10枚"飞毛腿"战术导弹，其中9枚被"爱国者"地空导弹击落。据有关资料统计，在海湾战争中，伊拉克向沙特阿拉伯、以色列、巴林共发射了80枚"飞毛腿"战术导弹，其中60枚被"爱国者"地空导弹拦截击毁。"爱国者"地空导弹因此名声大扬，售价暴涨，成为世界各国最关注的地空导弹。

进入21世纪，阿富汗战争、伊拉克战争、叙利亚战争，乃至正在激烈进行的俄乌战争中，交战双方都装备了大量地空导弹，并取得击落飞机和弹道导弹的傲人战绩。所使用的地空导弹，多数是旧型号，少数是其改进型或新研制的，都在战场上发挥了重要作用。

实战证明，地空导弹是一种十分有效的防空武器，在局部战争的防空作战中立下了赫赫战功，今后仍将成为防空作战的主要装备。

"爱国者"地空导弹

世界扬名——中国地空导弹营首创战绩

1959年10月7日,中国人民解放军驻防北京的地空导弹部队发射3枚导弹,将1架美制蒋机RB-57D高空侦察机击落,创下了世界防空史上第一个用地空导弹击落作战飞机的纪录。

RB-57飞机,是一种高亚声速、双喷气式发动机、单翼高空侦察机。此机原型为英国公司研制,首次试飞成功后,美国空军购买了该飞机制造权,并将它进一步改进为RB-57D型。与最初型号RB-57A相比,其最大的优越性在于它超过20000米的实用升限,这一高度超过了当时中国人民解放军空军性能最好的米格-19歼击机的最大升限。中国台湾国民党空军从1957年12月开始,动用美国提供的RB-57A喷气式高空侦察机对大陆腹地进行侦察。这种飞机飞行高度可达15000米。1958年2月18日,当1架RB-57A再次窜入山东半岛地区进行侦察时,被中国人民解放军的海军航空兵击落,从此,RB-57A高空侦察机在大陆上空销声匿迹。在蒋介石多次请求后,美国提供了性能更为先进的RB-57D高空侦察机,交国民党空军使用,编制在国民党空军第5联队第6大队第4中队,驻台湾桃园机场,多次侵入大陆腹地进行侦察。

1957年12月9日,中国人民解放军副总参谋长陈赓大将向中央军委报告,加强内地防空作战部署。毛泽东主席立刻在这份报告上做出了批示:"全力以赴,务歼入侵之敌"。1958年10月6日,中国第一支地空导弹部队——地空导弹第 2 营组建，代号"543"部队。11 月 23 日晚，满洲里的火车站上驶进了一列国际专列，苏联提供的萨姆-2 中远程地空导弹抵达中国，"543"部队从此有了自己的长剑。这支部队最早对外宣称是勘探队、打井队，因为当时的地空导弹体积巨大，相关设备在老百姓看来就像是地质勘探队的井架。该营全体指战员肩负着保卫祖国领空安全的神圣使命，勤学苦练，努力钻研，在极短的时间内，攻克了使用萨姆-2 地空导弹的技术和战术难关，开始执行国土防空任务。1959 年 9 月该营奉命部署于北京郊区，担负中华人民共和国国庆 10 周年大庆（10 月 1 日）的对空警戒任务。

盘踞在中国台湾的国民党军队，从美国得到 RB-57D 高空侦察机后，利用这种当时性能先进的侦察机对中国大陆频繁进行侦察，曾两次窜入北京上空。国庆 10 周年大庆之日，RB-57D 侦察机未敢出动。10 月 7 日，1 架 RB-57D 高空侦察机由台湾桃园机场起飞，从浙江温州窜入大陆，高度 18000～19000 米，速度 200 米/秒以上，沿浦口到天津的铁路线飞至华北。于北京执行防空任务的地空导弹第 2 营的雷达，在很远距离上就发现了这个不速之客。全营密切注视敌机的行踪，迅速、准确地完成了一系列指挥和操作程序。12 时 4 分，敌机进入导弹发射区。营长岳振华果断下令发射 3 枚导弹，全部命中。RB-57D 粉身碎骨，驾驶员毙命，飞机残骸坠落于北京东南 18 千米的通县安平镇河西务村附近的一片玉米地里。8 日，党和国家领导人朱德、李富春、贺龙、徐向前、聂荣臻、杨尚昆、罗瑞卿、蔡畅等都前往现场观看。10日，国防部通令嘉奖地空导弹第2营。12日晚，几位元帅在新落成的华侨饭店宴请第2营营长岳振华等作战有功人员。13日，空军授予地空导弹第2营集体二等功。

现场找到了被击落飞机上安装的高空侦察照相机，敌机从温州湾到被击落前所拍摄的照片很快冲洗出来，有10余米长。照片上，南京军区空军所辖的大校机场停机坪上停放的飞机一清二楚。RB-57D高空侦察机机翼相当长，摔得这一块那一块，发动机摔到200米外，扎到地底下，机身碎片有3600多块，真是粉身碎骨了。但飞行员身上的驾驶证携带的美女照片和美元还完好，飞行员的手表从万米高空摔下来，还滴滴嗒嗒在走。飞机上只有1名飞行员，戴着头盔，穿着特制高空抗压飞行服，证件上的名字叫王英钦，27岁，上尉飞行员。据说出这一趟任务，报酬是10两黄金。他身上背的伞绳全部被弹片割断，人还被绑在座椅上，和座椅一起扭曲摔在离飞机一二十米远的土坡上，尸体完整。但右腿摔断了，闭着眼睛，脸上黑一块白一块，嘴角流着血，像是被烟熏过。看样子刚死，就跟睡着了一样，有人摸了摸他的尸体还有热气。中国人民解放军使用萨姆-2地空导弹就这样干脆利落地歼灭了窜入北京上空进行侦察活动的RB-57D，首创用地空导弹击落敌机的战例，在中国和世界防空史上谱写出新的篇章。

萨姆-2"盖德莱"地空导弹是苏联为对付当时的远程高空轰炸机和战略侦察机，而由拉沃奇金设计局设计的全天候中程高空地空导弹,20世纪50年代中期装备苏军。东欧的社会主义国家及越南、印度、埃及、阿富汗、伊拉克、中国等20多个国家先后购买装备了这种地空导弹。这种地空导弹武器系统经过不断改进,出现过多种改进型,其基本结构和性能大同小异。以苏联命名为S-75的萨姆-2地空导弹为例,其最大作战半径34千米,最小作战半径5千米;最大作战高度27千米,最小作战高度3千米;航路

萨姆-2地空导弹

捷径0～22千米；杀伤概率单枚70%，战斗部装药139千克，配用无线电近炸引信；采用发射架发射，无线电指令制导；最大飞行速度为马赫数3.5。

地空导弹作战，都是由具有不同功能而又相互联系的各种设备组成的武器系统来完成的。萨姆-2武器系统是早期的第一代中高空防空武器系统，结构复杂，装备车辆多，体积庞大。整个系统由导弹、制导设备、发射设备和技术保障设备等组成。导弹由一级（包括固体助推器、锥形舱、稳定尾翼等）和二级（包括液体火箭发动机、辅助翼等）组成。制导设备包括构成地面制导站的收发车、显示车、坐标车、指令车等，以及在弹上的无线电控制仪、自动驾驶仪和操纵系统。发射设备主要有发射架、运输装填车和发射控制车等。技术保障设备主要有装配、测试、加注、充气设备和运输导弹的车辆。

八战八捷——中国地空导弹痛击美国高空侦察机

20世纪60年代，世界军事政治格局处于冷战时期。为了与美国颠覆、封锁新中国的行动相配合，中国台湾国民党军多次派出高空侦察机，潜入大陆腹地上空侦察照相。接连遭打击后，改派美国驻扎在台湾的U-2高空侦察机执行侦察任务。U-2飞机飞行高度可达2万多米，中国空军歼击机都飞不到这个高度，击落敌机的任务就交给了组建不久的中国地空导弹部队。根据中国人民解放军空军大事记和《中国空军百科全书》记载，1962年9月至1967年9月的5年里，中国地空导弹部队5次击落国民党空军窜入大陆的U-2高空侦察机。1967年9月17日至1969年10月28日，中国地空导弹部队3次击落美国入侵中国领空的无人驾驶高空侦察机。

首次击落U-2飞机是在南昌地区。1962年1月，国民党空军开始使用U-2高空侦察机对大陆实施侦察。该型飞机飞行高度2万多米，人民空军歼击机难以对其实施有效打击，中央军委决定使用年轻的空军地空导弹部队进行伏击。同年6月27日，地空导弹第2营在长沙设伏，将近2个月未遇战机。认真研究该型飞机入窜规律后，地空导弹第2营秘密转移至南昌，人民空军于9月7日、8日连续组织部分轰炸机在南京、南昌间佯动，诱使U-2侦察机出动。9日6时许，1架U-2侦察机从福建平潭岛窜入大陆。8时24分，该机经九江窜至南昌，8时32分进入地空导弹第2营火力范围。该营发射导弹3枚，将U-2侦察机击落。飞机坠于南昌东南15千米的罗家集附近，少校飞行员陈怀生跳伞被俘，因受重伤抢救无效死亡。这是空军地空导弹部队第一次击落U-2飞机。

第二次击落U-2飞机是在上饶地区。南昌地区击落U-2侦察机后，国民党空军改用加装电子预警系统的U-2侦察机入窜大陆。地空导弹部队几次战斗失利后，针对U-2侦察机的机动规律，采取压缩开制导雷达天线距离、快速完成射击操作动作等措施，形成有效对付该型侦察机的"近快战法"。根据中央军委指示，1963年10月下旬，地空导弹第1、第2、第3、第4营进驻江西上饶、弋阳，浙江江山、衢州一线，构成160千米的拦击正面。11月1日，1架U-2侦察机从浙江温州窜入大陆，直飞西北地区进行侦察。11时15分，该机从甘肃鼎新折返。14时11分，该机经九江直飞上饶。第2营在距目标35千米时打开制导雷达天线，8秒钟内发射导弹3枚，14时18分击中目标。飞机坠于江西省广丰县万罗山地区，国民党空军两度获所谓"克难英雄"称号的少校飞行员叶常棣跳伞被俘。

第三次击落U-2飞机是在漳州地区。1964年5月15日，地空导弹第2营秘密移驻漳州，守株待兔寻找战机。7月7日12时30分，1架U-2侦察机窜至漳州地区。地空导弹第2营在距目标32.5千米时制导雷达和反电子预警设备开机，锁定目标，3秒钟完成发射准备，发射导弹3枚，12时36分将U-2侦察机击落。该机坠于漳州东南7千米的红板村，少

中国地空导弹部队击落的美制U-2高空侦察机残骸

校飞行员李南屏毙命。

第四次击落U-2飞机是在包头地区。国民党空军U-2侦察机遭连续打击后，加装了回答式干扰系统和红外线照相设备，并开始夜间出动。1964年10月16日，中国第一颗原子弹爆炸成功后，国民党空军对大陆的侦察更加频繁。空军地空导弹部队很快摸清U-2侦察机实施电子干扰的规律，研制出新的反电子预警设备并装备部队。1965年1月10日，1架U-2侦察机于19时56分由山东海阳上空窜入大陆，经黄骅、大同直飞包头地区。21时15分,地空导弹第1营运用"近快战法"和反电子干扰手段,距离目标44千米时制导雷达开机,抓住目标后发射导弹3枚。U-2飞机来不及使用预警装置和电子干扰系统即被击落,少校飞行员张立义跳伞后被俘,飞机上装载的电子干扰设备被缴获。这是空军地空导弹部队首次夜间击落该型飞机。1965年1月28日,国防部发布命令,给地空导弹第1营记集体一等功。

第五次击落U-2飞机是在嘉兴地区。包头之战后,中国人民解放军科研人员成功研制出反电子干扰设备。1967年9月8日11时5分,1架U-2侦察机从江苏启东窜入大陆,经海门、常熟,绕过上海市飞临浙江嘉兴地区实施侦察,并对地空导弹制导系统实施干扰。地空导弹第14营使用国产地空导弹和反电子干扰设备,有效实施反干扰,抓住目标,发射导弹3枚,将该机击落。该机坠落于浙江省海宁县西南5千米处,飞行员黄荣北毙命。这是地空导弹部队首次使用国产地空导弹击落U-2飞机。

中国人民解放军地空导弹部队5次击落U-2侦察机,迫使国民党空军自1968年3月起停止使用该型飞机侦察大陆。为表彰地空导弹部队,1963年12月26日,国防部授予地空导弹第2营营长岳振华"空军战斗英雄"荣誉称号。1964年6月6日,国防部授予第2营"英雄营"荣誉称号。7月23日,毛泽东、周恩来、朱德等党和国家领导人,在人民大会堂接见地空导弹第2营全体指战员。

中国地空导弹部队曾3次击落美国无人驾驶高空

侦察机。第一次是在1967年9月17日，地空导弹第3营在云南蒙自地区，击落美军BQM-147H"火蜂"无人驾驶高空侦察机1架，首创用地空导弹击落高空小型无人驾驶侦察机的纪录。第二次是在1968年3月22日，地空导弹第2营设伏于广西宁明地区。美军1架C-130运输机，在老挝川圹地区投放1架BQM-147H"火蜂"无人驾驶高空侦察机，沿中越边境飞行。在距离地空导弹部队阵地160千米处被预警雷达发现并紧密监视，但在70千米处预警雷达显

被击落的美制BQM-147"火蜂"无人驾驶高空侦察机残骸

示目标丢失，目标搜索雷达也未发现目标。地空导弹指挥所根据目标飞行速度、方位推算，在侦察机距离地空导弹阵地 38 千米时命令制导雷达开机，发现敌机，利用稳定跟踪的极小时间窗口，在距离地空导弹阵地 30 千米时，成功击落美军 BQM-147H "火蜂"无人驾驶高空侦察机，再创用地空导弹击落高空小型飞机的纪录。第三次是在 1969 年 10 月 28 日，地空导弹第 6 营在广西武鸣设伏。BQM-147H 无人驾驶高空侦察机两次被击落后，美军对 BQM-147H 飞机的电子设备等进行改造，飞机升级为 BQM-147T 型。10 月 28 日，在北部湾上空发现 1 架无人驾驶高空侦察机向雷州半岛方向飞行，在武鸣待机的地空导弹第 6 营立即转入战斗状态。在距离地空导弹阵地 90 千米时，目标搜索雷达开机捕捉到目标并稳定监视，45 千米时制导雷达开机发现并锁定跟踪目标，29 千米时在敌机航路捷径处果断开火，精准命中目标。经过检查飞机残骸，发现飞机已经改装为新的型号。这型改装后投入使用仅 10 多天的 BQM-147T 型高空侦察机，便被地空导弹部队击落。

功过相抵
——萨姆-2一次防空战斗的功与过

1956年6月,美国总统艾森豪威尔在白宫一次会议上做出决定,使用新研制的U-2高空侦察机进行全球性的军事间谍活动。自此,U-2高空侦察机经常"光顾"苏联领空,在2万米左右的高度上进行侦察拍照活动。由于U-2飞机全身黑色,轻巧细长,飞行高度可达2万米以上,被称为"黑色间谍小姐"。虽然苏联的防空雷达性能好,能发现U-2飞机的入侵,但由于当时苏联的所有歼击机、截击机的飞行高度都达不到2万米,无法阻止美国的间谍活动;苏军新装备的射高为1.5万米、号称"高炮之王"的130毫米高射炮,也只能望机兴叹。U-2高空侦察机的飞行员也因此得意扬扬,深入苏联内地领空侦察如入无人之境。

事情惊动了苏共政治局,第一书记赫鲁晓夫要求"不惜一切代价打下一架来!"为此,苏联国防部的高级将领努力寻求对策,决定加快地空导弹的研制工作。在数百名专家和工程师的艰苦努力下,终于在1957年初研制成功了一种新型地空导弹S-75,北约代号萨姆-2。它是一种采用无线电指令制导方式的两级固液混合燃料导弹。其中,一级为固体燃料火箭发动机,以硝酸甘油类固体火药为燃料;二级为液体燃料火箭发动机,以红烟硝酸和混胺为推进剂。弹上控制系统包括无线电控制仪、自动驾驶仪和操纵系统等。弹长10.9米,弹径654毫米、翼展2.6米,发射重量 2.2 吨；作战半径 12～30 千米，作战高度 3～22 千米；最大飞行速度为马赫数 3，战斗部爆炸时可产生 3 千多块破片，具有射程远、威力大的特点。但是，这种地空导弹的武器系统结构复杂，体积庞大，机动能力差，反应时间长，抗干扰能力低。

为了遏制"黑色间谍小姐"在苏联领空的间谍侦察活动，1960 年 3 月 27 日深夜，赫鲁晓夫的副官格兰尼托夫找到克格勃中东地区头子马林斯基，命令他在 4 月 30 日以前，在苏联国土上弄下 1 架美国 U-2 间谍飞机。马林斯基受令后，立即前往喀布尔与特务头子丘林托夫中校会晤，商定：从列宁格勒受过训的巴基斯坦帕坦族优秀青年飞行员中挑选一个叫穆罕默德·贾尼兹·汗的人，让他去完成一件特殊任务。这

萨姆 -2 地空导弹发射

人利用夜色、越过哨兵，潜入停在巴基斯坦机场的美国U-2间谍机座舱，将飞机高度仪右下侧1颗螺丝钉拧下来，并从衣袋中取出1粒相同型号的螺丝钉装上。然而这颗不起眼的小螺丝钉发挥了意想不到的作用。原来这颗螺丝钉是经过特殊处理的，具有强磁力特性。当飞机高度仪的指针一旦超过10000米，就会立即受到这颗螺丝钉磁力吸引而指到20000米以上的飞行高度。

1960年5月1日8时，苏联全国准备隆重庆祝一年一度的"五一"国际劳动节，在阅兵时展示最新的导弹、坦克和歼击机，以炫耀自己的军事实力。对于美军来说，这无疑是窃取军事、政治情报最理想的时刻。美国中央情报局副局长理查德·比尔下令U-2

萨姆-2地空导弹

高空侦察机执行侦察任务。美国中情局飞行员弗朗西斯·格雷·鲍尔斯中尉驾驶 360 号 U-2 间谍飞机，从巴基斯坦白沙瓦机场起飞，执行此次侦察任务。

上午 8 时 35 分，当鲍尔斯中尉驾驶的 U-2 飞机慢悠悠地翱翔在乌拉尔地区上空拍照，搜集苏联在该地区部署洲际导弹的情报时，被苏联防空部队发现。当苏联国防部长马林诺夫斯基将 U-2 飞机再次入侵苏联领空的消息报告赫鲁晓夫时，赫鲁晓夫二话没说，便果断下令，一定要把这架飞机打下来，不能让美国人再次得逞。接到赫鲁晓夫的指示后，马林诺夫斯基立即向防空军司令员谢尔盖·彼留佐夫元帅传达了赫鲁晓夫的指示，并命令空军部队严密监视美军 U-2 飞机的动向，在适当时机采取一切手段，不惜一切代价将其击落。防空军司令员彼留佐夫元帅及时下达了"击落敌机"的作战命令。正在待命的谢尔盖·萨弗洛诺夫中尉受命后立即驾驶米格-19 飞机升空截击，紧追不放；部署在斯维尔德洛夫斯克的地空导弹团也做好了各种准备，操作人员全神贯注地盯着雷达屏幕，仔细观察着 U-2 飞机飞行航线每一个细微的变化。突然，地面雷达清晰地出现了两个亮点，U-2 飞机渐渐飞临萨姆-2 地空导弹的射程范围之内。机会终于来了，地空导弹团参谋长沃罗诺夫少校为了确保完成任务，立即下令发射 3 枚导弹。只见 3 条"火龙"腾空而起，旋即飞抵目标，随着一声巨响，不可一世的 U-2 飞机终于遇到了克星。当时，飞行员鲍尔斯正在查看时间、高度及各个仪表参数，突然感到机身的剧烈震动，意识到"这次完了"！他绝望地喊道："我的妈呀，我到底被打中了！"但他并没有想到，他驾驶的 U-2 飞机是在 10000 多米的高空被击落的。鲍尔斯有漂亮的妻子、美满的家庭，他没有选择与飞机同归于尽，中弹后立即跳伞，坠落在乌拉尔地区斯维尔德洛夫斯克市郊附近，被集体农庄的人员抓获，成为苏联国土防空军的俘虏，受审时供认了间谍生涯的一切。

在这次使用地空导弹的防空作战中，萨姆-2 地空导弹立下大功。万万没有想到的是，发射的 3 枚导弹中，其中 1 枚萨姆-2 地空导弹击中了正在追击 U-2 飞机的米格-19 歼击机，苏联飞行员萨弗洛诺夫中尉做梦也没想到，自己竟会死在自己人手里。萨姆-2 地空导弹立下大功的同时，也犯下大过，因此人们说：萨姆-2 是不辨敌我的地空导弹。1961 年，苏联最高苏维埃表彰击落美国 U-2 飞机有功人员时，萨弗洛诺夫中尉的名字被列于榜首。

中东扬威
——第四次中东战争立功的地空导弹

在第四次中东战争中,叙利亚人用"苏联的萨姆升天,山姆叔飞机落地"的歌声,欢呼苏联萨姆-6地空导弹的成功。他们亲眼看到了这种武器以一道白线向以色列"鬼怪"战斗机追去,使它在一道火光后变成一团黑烟坠毁的事实。

1973年10月6日,这天是以色列的赎罪节,也是阿拉伯人的斋戒节。从日出到日落、犹太人不得吃喝,也不准吸烟,虔诚的戒律还禁止开汽车。以色列军队在这天早晨没有处于戒备状态,兵营里空无一人。阿拉伯国家利用这一有利时机,决定对以色列开战,从而拉开了第四次中东战争的序幕。

开战后的第四天,以色列空军紧急出动一批"鬼怪""幻影""天鹰"战斗机,企图对叙利亚的大马士革进行一次大规模空袭。可是,这些训练有素的以军飞行员做梦也没有想到,这次飞行竟是他们中许多人的最后一次飞行。当时,以色列对空袭行动采取了极其隐蔽的措施,飞机以超低空飞行的方式迅速飞抵大马士革城市上空。但是,航线下的山谷使低空飞行喷气机轰鸣的回声大大加强,因而引起了叙利亚防空部队的警觉。在以军飞机飞抵目的地重新爬高准备实施空袭时,早已准备好的叙军防空部队及时地向他们发射了地空导弹。只见空中火光四溅,飞机一架接着一架地燃烧起来,各自拖着一朵黑烟坠毁。后来,以色列才知道他们的飞机是被萨姆-6地空导弹击毁的。

萨姆-6地空导弹

此外，埃及防空部队使用萨姆-6地空导弹，也取得击落以色列飞机40余架的战绩。由于萨姆-6地空导弹构成的防空系统网非常严密，以色列空军在赎罪节战争的头几天，就损失了一半以上的飞机，不得不向美国求救。

萨姆-6是苏联20世纪50年代末开始研制，1966年装备部队的一种全天候中近程、中低空机动式战术地空导弹，苏联称为"立方体"，代号2K12，北约绰号"根弗"，主要用于野战防空，攻击中、低空亚声速飞机。该武器系统主要由1辆目标搜索制导车、4辆导弹发射车、2辆运输装填车和1辆电源车组成。导弹长5.85米，弹径0.34米，发射重量604千克，最大飞行速度为马赫数2.2，采用3联装倾斜发射，射程5～25千米，射高100～10000米，战斗部为破片杀伤式，爆炸后的破片约有3000块，单发杀伤概率80%，反应时间30秒。导弹采用固体火箭和冲压一体化发动机，车载机动发射，全程半主动雷达制导，配有1台供全连使用的火控计算机及1台电视摄像机。萨姆-6是苏联的"得意之作"，共生产5000多枚，曾装备过20多个国家的防空部队。

惊喜不已——令叙利亚人着迷的"萨姆"

提起萨姆-6地空导弹,就不能不使人想起20世纪70年代爆发的第四次中东战争。正是在这场战争中,苏联研制的萨姆-6地空导弹多次击落以色列的飞机,大大地出了一番风头,从而名扬世界。随着防空战斗的胜利,叙利亚人对"萨姆"地空导弹的厚爱,达到了痴迷的程度。

1973年10月6日,以色列的士兵正饥肠辘辘地在赎罪日里守斋戒。下午2时许,埃及和叙利亚趁此良机,对以军控制的西奈半岛和戈兰高地发起突然袭击,从而揭开了第四次中东战争的帷幕。

面对埃叙联军的突然袭击,以色列被打得措手不及。在极端被动的情况下,以色列祭出了它的撒手锏——空军,对埃叙两军发起反击,试图扭转乾坤。然而,以色列空军没能再创第三次中东战争那样的辉煌,它受到了苏制"萨姆"导弹的严重挑战。

一队以色列飞机飞临叙利亚首都大马士革上空。突然,一道白线直奔1架F-4"鬼怪"战斗机而来,瞬间便击中了它,冒起一团黑烟坠落下去。其他飞行员见同伴被击落,顿时紧张起来,连忙在胸前不停地划"十"字,寻求上帝保佑。惊恐之余,他们又觉得奇怪:在受到导弹攻击之前,为什么飞机上的电子报警器失灵了呢?

在第三次中东战争中,以军在每架作战飞机上都安装了电子报警器,一旦飞机被苏制萨姆-2或萨姆-3地空导弹的制导雷达捕获跟踪,它就会自动向飞行员告警，并同时引导干扰机对导弹制导雷达实施干扰，使导弹无法击中目标。这种电子报警器在当时确实起了很大作用。可是，第三次中东战争结束后，苏军总结了萨姆-2和萨姆-3地空导弹失利的教训，很快又研制出一种采用新的工作频率和多种制导方式的地空导弹，这就是萨姆-6地空导弹，并秘密地将其补充装备到埃及和叙利亚的地空导弹网中。

萨姆-6地空导弹是一种安装在履带装甲车上、机动性非常强的地空导弹。1辆装甲车可装3枚导弹。弹长6米，射程30千米，还能够击中高度低于100米的低飞目标。瞄准装置能自动搜索敌机，哪怕是超声速飞行的飞机。两个雷达系统可提供定向脉冲信号：搜索雷达发现敌机，并向目标发射定向波束，波束被目标反射回来；定向波束跟踪敌机，反射信号在几分之一秒内给发射架的电子系统提供关于敌机的高度、方向、速度的各种信号。电子系统自动发射导弹，发射出去的导弹以超声速飞行，一级由固体燃料推动。导弹离目标最后几百米时是自动控制的。导弹导引头上的热敏探测器感受到飞机发动机喷出的气流，导弹便把方向对准这一热源，即使导弹不直接命中飞机，只是在附近爆炸，飞出去的弹片一旦击中飞机的受损部位，也能将其击落。

对于萨姆-6地空导弹的这些特性，以色列一无所知。以色列空军仍拿对付萨姆-2和萨姆-3地空导弹的办法来对付萨姆-6地空导弹，这怎能不吃苦头？尽管以色列空军采取电子对抗措施，但对萨姆-6地空导弹来说毫无用处。仅在开战后几天，以色列空军的飞机就损失过半。

面对这种困境,以色列不得不向美国伸出求救之手。美国火速派专家到以色列研究对策。尽管美国特意发射了军事卫星,并派无人驾驶飞机飞至埃及导弹网上空,引诱萨姆-6地空导弹发射,好让侦察卫星测出它的工作频率和制导方式,但收效甚微。迫不得已,美国只好从国内紧急向以色列空运了5万箱干扰箔条,并向以色列提供了"百舌鸟"和"标准"反雷达导弹,才使飞机的损失率有所下降。

发射中的萨姆-6地空导弹

最后，还是以色列沙龙将军率领的一支特遣队，从埃及部队的间隙插入运河西岸，捣毁了埃军后方的几个萨姆-6和萨姆-7地空导弹阵地，才最终扭转了以色列空军的被动局面。

此次战争，以色列空军共损失飞机109架，其中大部分是被萨姆-6地空导弹击落的。这是以色列空军创建以来所受到的最沉重的打击。惨重的损失，使以色列当局对萨姆-6地空导弹恨之入骨，发誓要报一箭之仇。

萨姆-6地空导弹在第四次中东战争中大出风头，取得赫赫战绩，立即赢得世界各国军界的青睐，一股"萨姆"旋风席卷全球。一些国家的军事报刊，都在显著位置刊登了阿拉伯军队萨姆-6地空导弹把以军飞机打得落花流水的消息、特写、专稿，军事评论文章也纷纷见诸报端。有的军事专家甚至提出，飞机已经"过时"，可以"退役"，世界已进入导弹时代。

一些国际军火商也趁机大做文章，他们高喊："萨姆！萨姆！飞机的克星！"为萨姆-6地空导弹大做广告。"萨姆"地空导弹已被他们吹得天花乱坠，似乎只要将"萨姆"系列地空导弹买去，胜利便唾手可得。

一时间，"萨姆"地空导弹在国际军火市场上成为头号大"明星"，身价百倍，十分走俏，许多国家都想用"萨姆"地空导弹编织起本国的导弹防空屏障。

在第四次中东战争中尝到萨姆-6地空导弹甜头的叙利亚，更是对"萨姆"地空导弹推崇至极，好像有了"萨姆"地空导弹这把保护伞，建立起"萨姆屏障"，就可以安稳放心地睡觉了。"萨姆"地空导弹成了叙利亚军队的"娇子""宠儿"。

为了建立起严密的"萨姆屏障"，叙利亚人不遗余力地发展"萨姆"地空导弹部队。他们将国防预算的75%用在对空防御上，8年之内，他们的"萨姆"地空导弹连数量增加了3倍。

中东十月战争所取得的成功，使叙利亚军队对"萨姆"地空导弹过分迷信，产生强烈的依赖性，从而把他们诱入了歧途，也为后来的贝卡谷地惨遭空袭的悲剧埋下了伏笔。

虽败犹荣——南联盟抗击北约空袭

1999年3月24日至6月11日,以美国为首的北约军事集团对南斯拉夫联盟实施了大规模空袭。在两个多月内,世界上最强大的空中力量出动了包括B-2、F-117A隐身战斗轰炸机在内的先进飞机1150架次,实施2300余次空袭,发射巡航导弹2000余枚,使用了微波炸弹、集束炸弹、激光制导炸弹、卫星制导炸弹、贫铀弹等新型弹种,向这个仅有1000多万人口的国家,投下了近42万枚、总计达22000吨的炸弹,南联盟军事设施和基础设施多处被毁,1200多名平民丧生,5000多人受伤,经济损失达2千多亿

萨姆-3地空导弹

美元。面对北约毁灭性的空袭,南联盟防空部队以劣势装备,英勇顽强地抗击,击落了包括 F-117A 隐身战斗轰炸机在内的数十架飞机,拦截巡航导弹 200 多枚,使北约最终未能达到"以炸迫降"的目的。在反空袭作战中,南联盟最具威胁的防空兵器是苏制"萨姆"系列地空导弹,有萨姆-2、萨姆-3、萨姆-6、萨姆-7、萨姆-9、萨姆-13、萨姆-14、萨姆-16 等型号。据报道,世界上首次击落美军 F-117A 隐身战斗轰炸机,是南联盟防空部队利用萨姆-6 地空导弹击落的,也有的报道说是利用萨姆-3 地空导弹击落的。美军发射的巡航导弹,则主要是被萨姆-13、萨姆-7 地空导弹和 20 毫米高射炮击落的。这里重点介绍萨姆-3、萨姆-13 和萨姆-16 地空导弹。

萨姆-7 便携式地空导弹

S-125地空导弹，北约代号萨姆-3，是20世纪50年代末装备苏联国土防空军的近程中低空地空导弹，曾出口华沙条约国和中东国家，还装备芬兰、利比亚、越南、南斯拉夫军队。在第三次和第四次中东战争及越南战争中，都曾使用此种导弹击落美制飞机。20世纪90年代，这种导弹仍在多个国家服役。该导弹是在萨姆-2的基础上研制的，其主要性能与美国的"霍克"地空导弹相似，有A、B两种型号。B型导弹射程2400～18300米，射高可达18000米，两枚命中概率95%，系统反应时间30秒。采用雷达跟踪，无线电指令制导，加装末寻的装置，配装破片式战斗部和无线电近炸引信。早期B型导弹发射架为两联装，后改为3联装和4联装。

萨姆-6地空导弹在20世纪60年代中期是华沙条约成员国的制式装备，因此南斯拉夫等东欧国家均有装备。在1995年6月的波黑战争中，取得击落美国F-16战斗机的战绩。

1999年3月27日，南联盟地空导弹部队在F-117A隐身战斗机来袭时，以早期装备的米波雷达发现和跟踪目标，在近距离上突然开火，一举将其击落。该飞机坠毁于贝尔格莱德以西40千米处的布贾诺维奇村，10年来一直非常神秘的号称"全隐身"的"夜鹰"终于现了原形。

萨姆-7地空导弹，是苏联机械制造设计局于20世纪50年代末期研制的第一种单兵便携式地空导弹。1966年装备苏军摩托化步兵营、伞兵营和空降突击营，还出口到20多个国家。系统代号为9K30，苏联称"箭"-2。其改进型为"箭"-2M，1972年装备部队。有4、6、8联装车载型和舰载型、直升机载型等。该导弹体积小，重量轻，反应快，操作简便，使用灵活，只能白天使用，对付低空慢速目标，尤其是对付直升机特别有效。改进型导弹弹长1.4米，弹径72毫米，发射重9.15千克。采用破片式战斗部和机电着发引信。采用两级固体火箭发动机和光学跟踪被动红外寻的制导方式。迎头攻击时射程1000～2800米，尾追攻击时射程500～4200米，射高50～2300米，最大飞行速度为马赫数1.71。战斗全重15.8千克。在越南战争期间，越南人民军使用萨姆-7便携式地空导弹，3个月打下了美军27架直升机。1973年的第四次中东战争中，埃及和叙利亚曾使用8联装

萨姆-9地空导弹

自行式萨姆-7地空导弹，沉重地打击了以色列低空飞机和直升机，为阿拉伯军队在战争初期赢得主动做出了巨大贡献，使以军在开战一周内损失78架飞机。整个战争期间，损失的115架飞机只有5架是在空战中被击落的。1982年下半年，阿富汗游击队通过"地下"渠道，从中东获取一批苏联制造的萨姆-7便携式地空导弹。次年短短的几个月里，苏军先有10架米-8直升机被本国研制的萨姆-7地空导弹击毁，不久又有1架大型运输机被击中空中爆炸，机上246名苏军全部丧命。海湾战争中，伊军大量部署萨姆-7地空导弹，使多国部队飞机不敢轻易实施低空轰炸。

萨姆-9地空导弹，是苏联研制的机动式近程防低空导弹。导弹代号为9M31，苏联称"箭"-1。北约代号萨姆-9，绰号"灯笼裤"。1968年装备苏联坦克团和摩托化步兵团属防空连，每连装备1辆指挥车和4辆发射车，其中1辆发射车上安装雷达被动探测系统，每辆发射车在炮塔两侧各配有1组双联9M31导弹。主要用于加强部队机动中打击低空目标的火力，便于遂行跟进掩护。4联装发射架安装在两栖装甲车体上。导弹弹长1.7米，弹径110毫米，发射重30千克。战斗部为破片式，配用着发引信。采用单级双推式固体火箭发动机和光学跟踪被动红外寻的制导方式。射程500～7000米，射高20～5000米，最大飞行速度为马赫数2。弹药基本携行量12发。后被"萨姆-13（"箭"-10）取代。

萨姆-13地空导弹，苏联称"箭"-10，是1975年装备苏军坦克团和摩托化步兵团防空连的机动式近程防低空导弹,是在 AA-2 空空导弹和萨姆-9 ("箭"-1) 地空导弹的基础上改进而成的,用于取代萨姆-9 地空导弹。该导弹主要性能与美国"小橄榄树"地空导弹相似,主要打击低空与超低空的亚声速飞机和巡航导弹。该导弹由 4 联装发射架、测距雷达、被动式无线电频率探测器、光学跟踪装置和履带式装甲车底盘组成,导弹射程 500～10000 米,射高 10～5000 米,最大飞行速度 1.5 倍声速。6 千克重的破片式杀伤战斗部配装无线电近炸引信。采用光学跟踪,被动红外寻的制导,导引头为带制冷的红外和紫外光双色寻的头,能分辨飞机等目标和红外诱饵,抗红外干扰能力强。

萨姆-16 地空导弹,对南联盟地区的环境具有较强的适应性,因此南斯拉夫引进了该种地空导弹,并在反击美军的空袭中使用。

航展上的萨姆-13 地空导弹

防空失利——伊拉克惨败的重要原因

1991年1月17日，美国、英国为首的联合军队对伊拉克实施"沙漠风暴"行动，空军、海军飞机对伊拉克实施全面空袭。此次作战中，美国投入空军飞机1300多架，海军陆战队飞机240架，舰载飞机400多架，联军其他国家投入飞机600多架。包括F-111、F-117A、F-15、F-16、F/A-18、A-6、A-7、A-10、B-52及电子战飞机EA-6B、EF-111A、EC-130H、EP-3E、P-3B等。至2月28日，在历时43天的"沙漠风暴"行动中，共出动飞机11.2万架次，对伊拉克政府设施、军事指挥机构、通信枢纽、防空系统、空军基地、海军舰艇、港口，武器生产、储存设施，电力、石油、交通运输设施，铁路、公路桥梁等，实施了猛烈袭击。伊拉克空军有各型作战飞机750余架，主要是米格-23、米格-25、米格-29、苏-24等，地面防空武器有萨姆-2、萨姆-3、萨姆-6等地空导弹和4000余门57毫米、37毫米高射炮。

在美国为首的联军部队猛烈的空中打击和强烈的电子干扰下，伊拉克防空指挥系统完全失灵，伊拉克空军和地面防空武器未能发挥作用，完全丧失了制空权。伊拉克军队采用藏于地下、隐真示假、疏散国外等措施躲避空袭，保存实力，空军、海军的飞机和地面防空武器只是进行了有限的抗击，战果不大。在作战中，伊拉克军队共击落美英为主的联合军队飞机数十架，仅占对方出动飞机架次总数的万分之四。至战

萨姆-3地空导弹

争结束，伊拉克有324架飞机被击毁、被缴获或逃往邻国被扣，375个飞机掩体被毁，143艘舰艇被摧毁或重创，地面部队武器装备损失严重，整个国家的电力、交通运输、石油设施遭破坏。虽然伊拉克的防空措施使地面部队保留了一定的实力，取得一些战果，但由于消极防御的战略战术失当，防空力量太弱，双方空袭和反空袭实力过于悬殊，对空防御措施准备不足，战争初期即失去全面指挥，因此所有防空预案均未达到预期目的，防空作战完全失利，国家政权机构被颠覆。

实力差距——乌克兰防空的主要缺陷

乌克兰军队组建于 1991 年 8 月 24 日，继承了原苏军大量部队、武器装备及战略储备物资。2017 年，乌克兰军队总兵力 25 万人，后备兵员 100 万。乌克兰防空部队最初是独立的军种，苏联解体时，苏军第 8 防空军和第 2 防空军一部划归乌克兰，组建了 3 个防空军。1994 年，乌克兰防空军实施编制改革，建立区域防空体系，3 个防空军分别改编为南、中、西部 3 个地区防空司令部。2014 年克里米亚危机之后，乌克兰根据北约部队的编制体系取消了防空军的编制，将其并入空军，统一由空军担负国土防空任务，陆军只遂行野战防空任务。

乌克兰的防空力量主要由 4 个空军司令部构成，每个司令部辖有 1 个空中指挥中心和数个防空导弹旅或团，装备 S-300PS、S-300PM 和"山毛榉"-M1 系统，负责各自防区的防空任务。东部空军司令部设在第聂伯罗，下辖第 138 防空导弹旅、第 301 防空导弹团和第 3020 防空导弹营；南方空军司令部设在敖德萨，下辖第 160 防空导弹旅、第 208 防空导弹旅和第 201 防空导弹团；中央空军司令部设在瓦西尔科夫，下辖第 96 防空导弹旅、第 156 防空导弹团和第 201 防空导弹团；西部空军司令部设在利沃夫，下辖第 11 防空导弹团、第 223 防空导弹团、第 540 防空导弹团。乌克兰总计有 4 个防空导弹旅和 7 个防空导弹团，装备 250 套 S-300 系列远程防空系统和 72 套中程"山毛榉"-M1 系统。这些防空系统构成乌克兰整个国土防空体系的核心。此外，乌克兰陆军还有4个防空团，主要装备S-300V和"道尔"-M1等野战防空系统，以及数种近程地空导弹和高射炮。乌克兰缺乏现代化的地空导弹系统，主要装备的S-300P/PS/PT远程地空导弹系统太过落后，每个作战单元仅能同时对抗6个目标。因此，乌克兰尽管拥有数百套S-300P/PS/PT远程地空导弹系统，但是抗饱和攻击能力严重不足。而较为先进的"山毛榉"-M1、"道尔"-M1等中近程防空系统数量又太少，致使乌军无法建立多层次的防空体系。俄罗斯在实施"特别军事行动"的第一天，动用了上百枚战术弹道导弹和几十架携带巡航导弹的轰炸机，对乌军指挥中心、军用机场、防空系统和雷达站实施了全面空中打击，首战即摧毁和压制了乌克兰的防空力量，取得了战区制空权。

俄乌冲突爆发以来，乌克兰总统泽连斯基已要求美国和欧盟国家为其提供多款防空系统。特别是近期俄罗斯连续使用无人机和导弹对乌克兰进行多波次空袭，导致乌克兰军事要地、武器弹药仓库、机场、后勤补给线，以及电力、天然气和油库等基础设施都遭到严重破坏，乌克兰的防空问题更为严重。因此，乌克兰要想改变当前的被动局面，就必须加强防空能力。乌克兰目前拥有的防空武器，一是战前拥有的，二是原华约国家提供的，三是北约国家所谓援助的。

乌克兰防空部队装备的防空系统，包括S-300PS、S-300V远程防空系统，9K330"道尔"-M1（萨姆-15"臂铠"）、9K35"箭"-10短程地空导弹系统

（萨姆-13"金花鼠"），9K33"奥萨"地空导弹系统（萨姆-8"壁虎"）和2K22"通古斯卡"（萨姆-19"灰鼬鼠"）弹炮结合防空系统，"山毛榉"-M1地空导弹（萨姆-11"牛虻"）和S-125"伯朝拉"地空导弹（萨姆-3"果阿"）系统。另外，乌克兰武装部队的近程防空系统还包括ZSU-23-4式"石勒喀河"23毫米4管自行高射炮、ZU-23-2式23毫米双管牵引式高射炮、S-60式57毫米高射炮。

S-300V是一种履带式地空导弹系统。发射装置有两种变体：9A83（萨姆-12A"角斗士"）带有4个导弹发射管；9A82（萨姆-12B"巨人"）带有2个导弹发射管。S-300V防空系统的9M83导弹，主

S-300V防空系统

要用于对抗飞机、战术弹道导弹和低空巡航导弹。乌克兰防空部队原先拥有的 S-300 防空系统，据说有 250 套之多，其中大多是 20 世纪 80 年代服役的 S-300PT 防空系统。在俄军的猛烈空袭和地面武器压制干扰下，乌克兰地面防空力量损失惨重，几乎团灭。开战后不久，乌克兰在哈尔科夫附近的一处地空导弹阵地，被俄军摧毁，现场一片狼藉。乌克兰装备的固定式 S-300PT 地空导弹采用无线电指令制导，射程只有 50 千米，技术水平比较落后，性能相对较差，电子对抗能力也不强，在防空作战中几乎没有发挥作用。

乌克兰装备的 9K330"道尔"-M1（萨姆-15"臂铠"）地空导弹系统，是苏联设计和制造的一种自行式地空导弹系统。"道尔"-M1 导弹有效射程 12000 米，有效射高 6000 米。

乌克兰装备的 9K35"箭"-10 地空导弹系统（萨姆-13"金花鼠"），是一种近程地空导弹系统，主要保护行进中的部队免受低空飞机和直升机、精确制导弹药和侦察遥控飞行器的攻击。4 枚导弹装在炮塔上，另外 8 枚装在车内，重新加载导弹大约需要 3 分钟。该导弹最大飞行速度接近马赫数 2，射程 500～5000 米，射高 10～3500 米。

乌克兰装备的 9K33"奥萨"地空导弹系统（萨姆-8"壁虎"），是苏联制造的一种低空近程地空导弹系统。配装 6 联装发射架，采用无线电遥控制导。原型导弹有效射程 2～9 千米，有效射高 50～5000 米。改进型"奥萨"-A 地空导弹有效射程 1500～10000 米，有效射高 25 ～ 5000 米。

乌克兰装备的 2K22"通古斯卡"（萨姆-19"灰鼬鼠"）防空系统，是俄罗斯制造的一种弹炮结合防空系统。系统配备两门 30 毫米 2A38 双管炮，炮塔两侧各有 1 个门。地空导弹有效射程 2400 ～ 8000 米，有效射高 15 ～ 3500 米，可攻击最大速度为 500 米/秒的目标。

乌克兰装备的"山毛榉"-M1（萨姆-11"牛虻"）

"山毛榉"-M1 地空导弹

地空导弹系统，是苏联研发的一种中程地空导弹系统，可用于在恶劣的电子对抗环境中，攻击飞机、巡航导弹、直升机，以及战术弹道导弹、反雷达导弹等目标。系统采用履带式底盘，配装"火穹"单脉冲型雷达和4联装发射架。"火穹"单脉冲型雷达探测跟踪高度可达22000米，可以引导3枚地空导弹各自攻击1个目标。

乌克兰装备的S-125"伯朝拉"（萨姆-3"果阿"）地空导弹，于1956年开始研制，可作为中高空地空导弹火力的补充。配用两种导弹，射程约为15千米。

乌克兰装备的ZSU-23-4"石勒喀河"23毫米4管自行高射炮系统，于20世纪60年代中期装备苏联陆军，主要用于对付低空飞机，有效射程2500米。

乌克兰装备的ZU-23-2式23毫米双管高射炮，1960年装备苏联陆军。采用卡车或装甲车底盘。射程2.5千米，主要用于抗击直升机和低空飞机的空袭。

乌克兰装备的S-60式57毫米高射炮，20世纪50年代初装备苏军，以取代M1939式37毫米高射炮，有效射程4千米，火控系统的作用距离6千米。

为抗击俄罗斯导弹攻击，乌克兰要求北约帮助建立更强的防空网，不仅要提供便携式地空导弹、苏式防空系统和情报支持，还要向乌克兰提供先进的西方防空系统。据新华社布鲁塞尔2022年2月28日电，北约秘书长斯托尔滕贝格在社交媒体上表示，北约正

NASAMS 地空导弹发射瞬间

在向乌克兰提供地空导弹、反坦克武器及其他援助。在最新一批军事援助中，美国政府准备提供 6 套挪威 NASAMS 防空系统，这是北约向乌克兰援助的最先进防空武器。德国政府将提供 3 套 IRIS-T 防空系统。此外，西班牙也准备向乌克兰提供"阿斯派德"（Aspide）防空系统。

S-300P 导弹点火升空

2022 年 6 月 2 日，斯洛伐克总理爱德华·赫格证实，斯洛伐克已经秘密向乌克兰提供 S-300 防空系统。这批 S-300 防空系统是在之前就秘密连夜运往乌克兰，交付乌克兰军队并投入使用。为了防止在运输途中被俄罗斯空袭炸毁，消息延迟发布。斯洛伐克之所以向乌克兰提供 S-300 防空系统，是因为此前从德国和荷兰那里接收了美制"爱国者"防空系统，于是就把手里老旧的 S-300 防空系统甩给了乌克兰。

俄罗斯已经强硬表态，不允许 S-300 防空系统向乌克兰"转让"，任何人胆敢向乌克兰提供 S-300 防空系统，都会被视为"合法打击目标"。俄罗斯将打击乌克兰潜在的 S-300 防空系统"供应链"，发现即摧毁。俄罗斯国防部发言人伊戈尔·科纳申科夫少将表示，俄罗斯武装力量用高精度导弹摧毁了尼古拉耶夫州和哈尔科夫州的乌克兰 S-300 防空系统。按照时间看，这些 S-300 防空系统很可能就是之前斯洛伐克秘密运往乌克兰的。

俄乌开战之后，北约国家援助乌克兰的主要武器是"毒刺"地空导弹和"标枪"反坦克导弹。乌克兰使用"毒刺"地空导弹对俄罗斯直升机进行伏击，直升机一旦被"毒刺"地空导弹跟踪，十有八九会被命中。

据乌克兰国防部长奥列克西·雷斯尼科夫 2022 年 11 月 8 日的说法，乌克兰已经获得了新的防空系统。他在推特上说，NASAMS（挪威先进地空导弹系统）和 Aspide（意大利"阿斯派德"防空系统）已运

"阿斯派德"防空导弹发射

抵乌克兰,这些武器将大大增强乌克兰军队的防御能力,使乌克兰的天空更加安全。